国家安全知识
简明读本

GUOJIA ANQUANZHISHI
JIANMING DUBEN

U0208903

国家安全知识简明读本

水资源安全

范 纯 著

国际文化出版公司

·北京·

图书在版编目（CIP）数据

水资源安全/范纯著.—北京：国际文化出版公司，2013.6
（国家安全知识简明读本）
ISBN 978-7-5125-0287-1

Ⅰ.水… Ⅱ.范… Ⅲ.①水资源管理-基本知识-中国
Ⅳ.①TV213.4

中国版本图书馆CIP数据核字（2013）第060872号

国家安全知识简明读本·水资源安全

作　　者	范　纯
责任编辑	李　璞　崔春来
特约策划	马燕冰
统筹监制	葛宏峰　刘　毅　周　贺
策划编辑	刘　毅
美术编辑	王振斌
出版发行	国际文化出版公司
经　　销	国文润华文化传媒（北京）有限责任公司
印　　刷	河北锐文印刷有限公司
开　　本	700毫米×1000毫米　　16开　10印张　150千字
版　　次	2014年9月第1版　2018年12月第2次印刷
书　　号	ISBN 978-7-5125-0287-1
定　　价	29.80元

国际文化出版公司
北京朝阳区东土城路乙9号　　邮编：100013
总编室：（010）64271551　　传真：（010）64271578
销售热线：（010）64271187
传真：（010）64271187-800
E-mail：icpc@95777.sina.net
http://www.sinoread.com

目　录

绪　论

　　水是人类和其他生物赖以生存的重要物质，是生态环境的构成要素，是可更新的自然资源。水资源作为基础性自然资源和战略性经济资源，更是国家综合国力的重要组成部分。水资源作为国家生存与发展的基本条件，其安全问题已成为人们普遍关注的核心问题。

　　应当说，水资源安全是国家安全的重要组成部分，是国家政治安全、经济安全、社会安全、生态环境安全、粮食安全的基础。它不仅影响一国的经济、社会、生态安全，还影响全人类的可持续发展。伴随经济的发展，人类的需水量大增，水资源供需矛盾日益突出，水资源短缺问题非常严重。联合国曾发出警告，世界性缺水将严重制约 21 世纪的经济发展，甚至会导致国家间的冲突。随着城市化的发展，排放到环境中的污水量日益增多，尤其是水源污染加剧了水资源短缺的矛盾及居民生活用水的紧张和不安全。随着全球经济的快速发展，人类对全球淡水资源的需求不断增长，水资源短缺已成国际社会关注的重大战略问题之一。

一、对水资源的基本认识

　　地球上的水资源分布很广，垂直分布于大气圈、生物圈和岩石圈之中，主要分为地表水和地下水。水平分布的水资源主要有海洋水、陆地水和大气水，其中海洋总水量为 13.5 亿 km3，占地球总水量的 97.40%；湖泊、河流、冰川、地下水等陆地水体的水量约为 0.36 亿 km3，占地球总水量的 2.59%。陆地水体中，数量最多的是冰盖和冰川，其次是地下水。湖水和河水的数量较少，但因其直接供人类生产生活需要，与人类关系密切，是水资源中最为重要的组成部分。地表上大气中的水汽来自地球表面各种水体的水面蒸发、土壤蒸发和植物散发，空气中的水汽含量随高度增加而减少。地表下储存于地壳约 10km 范围含水层中的重力水，称为地下水。

地球上各种形态的水都处于不断运动和相互转换之中，形成了水循环。传统意义上的水循环，是指地球上各种形态的水在太阳辐射、地心引力等作用下，通过蒸发、水汽输送、凝结降水、下渗和径流等环节，不断发生相态转换和周而复始运动的过程，也称水的自然循环过程。由于水循环的存在，地球上的水不断得到补充和更新，成为一种可再生资源。从水资源持续利用角度看，水体的储水量并不是都能利用的，只有其中积极参与水循环的那部分，因利用后能得到恢复才可作为可利用的水资源量，这部分水量的多少，主要决定于水体循环的更新速度和周期，速度愈快、周期愈短，可开发利用的水量就愈大。此外，人类社会的生产生活，都要从天然河流、湖泊等水体中取水，供人们用于工农业生产和日常生活，用过的水又排回天然水体，这一过程称为水的社会循环。

在水的社会循环过程中，部分水被消耗掉，而其他的水则成为带有废弃物的污水被排放到天然水体中，造成一定程度的污染。天然水体是一个生态系统，对排入的废弃物有一定的净化能力，称为水体的自净能力。随着社会循环的水量不断增大，排入水体的废弃物也不断增多，一旦超出水体的自净能力，水质就会恶化，从而使水体遭到污染。受污染的水体将丧失或部分丧失其使用功能，从而影响水资源的可持续利用，加剧了水资源短缺危机。因此，用后的污水只有经过排水系统妥善处理后才能进行排放。

水在人类社会发展过程中起着至关重要的作用。首先，水能维持人类生命。现代科学证明，每个人每天要摄入 2000ml 的水才能维持生命，断水 7~10 天，人就会导致死亡，失水 15%~20% 人就会产生脱水症状。

其次，水在人类生活和生产过程中发挥着重要作用。人类生活用水分为城市生活用水和农村生活用水，前者主要是家庭用水，还包括公共建筑用水、消防用水、浇灌绿地等市政用水。受城市性质、经济水平、气候、水源、水量、居民用水习惯、收费方式等影响，城市生活用水人均用水量变化较大，一般发达地区高于欠发达地区，丰水地区高于缺水地区。世界城市生活用水约占全球用水量的 7%，我国城市用水则占全国总用水量的 4.5%。[1]

生产用水分为农业用水和工业用水。农业用水主要包括农业灌溉、牧业灌溉和渔业用水。受气候和地理条件、作物品种、灌溉方式和技术、管理水平、土壤、水源和工程设施等影响，农业用水量在时空分布上存在很大变化。工业用水主要包括原料、冷却、洗涤、传送、调温和调湿等用水，工业用水量与工业发展布局、产业结构、生产工艺水平等多种因素密切相关。世界工业用水量约占全球用水量的 22%，中国工业用水量所占的比例为 20.2%。我国工业用水量集中在火力发电、纺织、造纸、钢铁和石油石化行业，五大行业用水量占全国工业用水量的 79.1%。

再次，水在生态环境保护方面还发挥着重要作用。在生态环境脆弱地区，生态用水必须优先得到满足，否则会导致生态环境的恶化。生态用水是一个宽泛的概念，如河流水质保护、水土保持、水热平衡、植被建设、维持河流水沙平衡、维持陆地水盐平衡、保护和维护河流生态系统的生态基流、回补超采地下水所需水量、城市绿地用水等都属于生态用水范畴。按照国际通行标准，河流水资源的利用率不应超过 40%，而我国黄河的利用率已达到 70% 以上，海河水资源的利用率接近 90%。对河流水资源的过度利用使生态用水被严重挤占，使河流维持生态平衡的功能减弱，流域生态环境恶化。生态用水的功能还包括维持河流物种的生存繁衍和稀释城乡排放的工农业和生活废水等。从人与自然的关系角度看，以挤占生态用水发展经济的做法严重违背自然规律，会受到大自然的惩罚和报复。

---

[1] 何康林：《环境科学导论》，中国矿业大学出版社，2005年8月第1版，第98页。

二、水资源的基本理论

（一）水资源的界定

从广义上说，地球上一切水体（包括海洋、河流、湖泊、沼泽、冰川、土壤水、地下水和大气中的水），都是人类的宝贵财富，但是，限于当前的经济技术条件，对于含盐量较高的海水和分布在南北极的冰川，我们还不能大规模开发利用。狭义的水资源仅指在一定时期内能被人类直接或间接开发利用的动态水体。这种开发利用在技术上是可行的，经济上是合理的，对生态环境造成的影响也是可接受的。狭义的水资源主要指河流、湖泊、地下水和土壤水等淡水资源，个别地方还包括微咸水。总的来说，广义上的水资源一般不考虑水资源的时间、空间、数量和质量的差别，狭义上的水资源则考虑了水资源的时间、空间、数量和质量的限制，强调在现有经济和技术条件下能被人类利用和对人类有价值的水，是人类能够直接使用的淡水。因此，水资源通常是指一定技术经济条件下可以被人类利用的水量、水质。

（二）水资源的特性

水资源与其他自然资源相比，具有以下特性：

（1）循环上的再生性和补给上的有限性。地球上各种形态的水一般都可通过水的自然循环实现动态平衡。一般来说，当年的水资源的耗用和流失又可为来年的降水所补给，形成资源消耗和补给之间的循环性。但是，随着经济发展，人类对水资源的需求越来越大，而可供人类利用的水资源量却基本不会增加，水资源的超量开发消耗，必然造成超量部分难以恢复甚至不可恢复，从而破坏自然生态平衡。同时，人类的污染等因素使水质变差，也导致水质性水资源量减少。因此，水循环过程的无限性和再生补给水量的有限性，决定了水资源在一定限度内的量是有限的，并非取之不尽，用之不竭。

（2）时空上的多变性和不均匀性。水资源时间变化上的不均匀性，表现为水资源量的年际、年内变化幅度很大。一定区域的年降水量因多种因素影响呈随机性变化，使得丰年、枯年水资源量相差悬殊。年内变化也不均匀，汛期水量集中不便利用，枯水季节水量锐减，满足不了需水要求。水资源空间变化上的不均匀性，表现在资源水量、地表蒸发、散发量的地带性变化等方面。水资源的补给来源为大气降水，多年平均年降水量的地带性变化基本上决定了水资源量在地区分布上的不均匀性，有些地方干旱，水量少，有些地方水量多，形成灾害，这使各地在水资源在开发利用条件上存在巨大差别。水资源时空变化的不均匀性，使水资源利用必须采取各种工程的和非工程的措施，如跨地区调水、调节水量、抬高天然水位、制定调度方案等，以满足人类的生活和生产需求。

（3）利用上的广泛性和不可替代性。从水资源的利用方式看，分为耗用水量和借用水体两种。城市用水、农业灌溉、工业生产用水等都属于消耗性用水，其中一部分回归水体，但数量已减少，水质已发生变化。另一种使用形态是非消耗性用水，主要利用水体提供的环境而很少消耗水量，如养鱼、航运、水利发电等。不同的利用方式对水资源的质量要求也有很大差异，因此，应对水资源进行综合开发、综合利用，做到水尽其用。水资源的综合效益是其他任何自然资源都无法替代的。此外，水还有生态价值，自然界的各种水体是生态环境的重要组成部分，有着巨大的生态环境效益。

（4）利与害的两重性。因降水和径流的地区分布不平衡和时空分配不均匀，往往出现洪涝、旱灾等自然灾害。开发利用水资源的目的是兴利除害，造福人类。如果开发利用不当也会引起人为灾害，如垮坝事故、水土流失、次生盐渍化、水污染、地下水枯竭、地面沉降、诱发地震等。因此，开发利用水资源必须重视其两重性，严格按自然规律和经济规律办事，达到兴利除害的双重目的。水资源还具有商品属性，一些国家建立了有偿使用制度，体现了水资源的社会性和经济性。

（三）水资源的价值

任何环境资源的价值都存在三种表现形式：一是可直接作为商品在市

场上进行交换的环境资源产品，体现为直接使用价值（经济价值）；二是由于环境资源所具有的调节功能、载体功能和信息功能而形成潜在价值的资源，体现为间接使用价值（生态价值）；三是能满足人类精神文化和道德需求的资源价值，体现为存在价值和文化价值（社会价值）。

这三种价值形式是统一的、不可分割的，其中任何一种价值的缺失都会造成其他价值的流失和毁灭。水资源作为一种环境资源，同样应当是经济的、生态的和社会的三种价值形态的统一。

首先，水资源的经济价值是指水作为资源对整个社会生产所起的作用。众所周知，水资源对于社会生产起着不可替代的作用，各项建设任何时候都不能够离开水资源，世界各国都把水资源视为经济发展的生命线。随着经济的发展，水资源的使用量也在成倍地增加，这必将导致水资源的供需矛盾，引发各种社会问题。水资源短缺会成为制约经济发展的瓶颈，将严重影响经济发展和长远经济目标的实现。

其次，水资源的生态价值，即水资源作为生态环境要素存在而体现的价值，也是水资源免受污染的价值。水资源作为一种自然资源是大自然的产物，是自然环境的一个要素，同时，水自身也形成一个有机循环系统，即水环境。无论水环境还是由水作为要素的自然环境，都是生物生存的必要场所。有些水资源本身以及水资源与周围的地形地貌一起成为独特的自然景观，具有观赏价值。一旦水资源遭到污染和破坏，致使固有的自然环境难以恢复，必将恶化人类的生存条件，直接威胁人们的生命财产安全，还会引发动植物死亡以至绝迹、土地沙化、盐碱化等后果，使生态环境恶化，产生恶性连锁反应。

最后，水资源的社会价值，即水资源供生活消费所发挥的作用。水是人类生存和发展的重要的生活资料，可服务于人们提高生活质量，丰富物质和精神文化生活，如利用水进行游泳、洗澡、划船、漂流等，满足人们多方面需要。一旦水资源遭到破坏，必将影响人们正常生活，直接威胁人类生命安全，造成巨大损失，破坏社会秩序，影响社会稳定。

（四）水资源的短缺

水资源短缺分为资源性缺水和水质性缺水。总体来看，地球上的淡水资源并不丰富。随着人类社会的进步和经济的高速发展，工业、农业和城市日益扩展，尤其是人口增加，加之人类活动失控造成环境恶化、水资源污染和严重浪费，使全球水资源日趋匮乏。仅有的淡水资源量分布极不平衡，60%～65%的淡水集中分布在少数国家，如俄罗斯、美国、加拿大、奥地利、印度尼西亚、哥伦比亚等。而占世界人口总量40%的80多个国家却因气候和地理条件影响，降水量小、蒸发量大，成为水资源匮乏国家，其中近30个国家为严重缺水国。联合国《世界水资源综合评价报告》预测，到2025年，世界人口将增加到83亿，生活在水源紧张和经常缺水国家的人数将从1990年的3亿增加到2025年的30亿。第三世界国家的城市面积也将大幅度增加，除非更有效地利用淡水资源，控制江河湖泊的污染和有效利用净化水，否则，全世界将有三分之一的人口遭受中高度缺水压力。

多年来，我国水资源质量不断下降，水环境持续恶化。因污染导致的缺水事故不断发生，致使工厂停产、农业减收，造成不良社会影响和较大经济损失，威胁着社会可持续发展及人类生存。我国是世界上用水量较多的国家，近年来淡水供应短缺的呼声不断，华北平原、西北、云贵高原、东南沿海普遍缺水，黄河还出现断流，同时，许多江河湖海受到不同程度污染，78%的城市河段已不宜做饮用水源，50%的城市地下水受到污染，地下水因过量开采导致地面沉降和水质恶化，东海、渤海、黄海和南海的近岸海域污染加重，无机氮、无机磷和石油类污染普遍超标。在全国600多个大中城市中约有一半缺水，严重缺水的有108个，北京、天津、石家庄、西安、兰州等城市供水紧张。

三、水资源的危机与管理

近年，水危机意识在世界范围内高涨，原因在于世界上五分之一的人得不到安全饮用水，每年有 300 万~400 万人死于水质性疾病。联合国水资源报告显示，目前世界上有 7 亿人口在水资源不足的状况下生活，因而只能获得不卫生的水，每天有 4900 名（每年间约 180 万名）儿童死亡。更有甚者，水资源短缺造成粮食产量降低和生态系统被破坏，地下水枯竭和过度开采造成地下水位下降，出现湖泊缩小和湿地消失，出现各种人为灾害，对生态用水的挤占，极大破坏了生物多样性。在埃及，水资源几乎完全来自尼罗河。目前，尼罗河实际上无水流入地中海（仅有排水），几乎完全在埃及境内抽取。由于纳赛尔湖入流方式和水量的改变、气候的变化和上游国家的开发，水在当地已经成为一种威胁。为此，在水资源的开发利用上，埃及实行集中统一管理。无论是地表水、地下水，还是废水都由水资源灌溉部实行统一管理与分配，并实行立法管理，实行不同用水价格政策。

我国是严重缺水的国家之一，已进入水资源危机初期。除缺水外，各大江河、湖泊污染日益严重。水资源的严重短缺，对经济发展、人民生活和生态环境带来灾难性的后果，大半个中国都处在水危机中。中国水资源不仅面临整体短缺，空间和时间分布上的不均衡也很突出，随着气候的变化，旱情也严重地影响了已往相对安全的地区。从水利部门的预测来看，水资源危机将会持续发展，2010 年我国缺水 318 亿立方米，已进入严重缺水期，2030 年将缺水 400 亿~500 亿立方米，进入缺水高峰期。目前，水资源危机正在全球蔓延。水危机分两种，一种是水资源遭到过度开发，导致地下水和河流水位下降甚至干涸；另一种是由于缺乏技术和资金支持而导致无法掌控、利用本来相当丰富的水资源。

水资源管理是指对水资源的开发、利用和保护的组织、协调、监督和调度等方面的实施，运用行政、法律、经济、技术和教育等手段，组织开发利用水资源和防治水害，协调水资源开发利用与社会经济发展之间的关系，处理好各地区各部门的用水矛盾，监督并限制各种不合理开发水资源和危害水源的行为，制定水资源合理分配方案，处理好防洪和兴利的调度原则，提出并执行对供水系统和水源工程的优化调度方案，对水量变化和水质情况进行监测等。在国际上，为保证水资源合理配置和有效利用，各国都十分重视水资源管理，通过制定水资源管理法，成立水资源专门管理机构，对水的调配、使用、开发等进行全面管理。

一般来讲，水资源紧缺地区均制定水资源综合利用开发规划，并通过立法贯彻执行。水资源规划是区域规划、城市规划、工业和农业发展规划的主要组成部分，应与其他规划同时进行。规划前必须切实查清水资源总量和水质状况，如果需水量超过水资源总量，应当采取相应的给水措施和污水处理措施，并采取蓄水、保水、再生、回用等措施，以弥补水资源的不足。合理开发还需要根据水供需状况，实行计划供水，定额用水，并将地表水、地下水和污水系统统一开发利用，防止地表水源枯竭、地下水位下降，做到合理开发、综合利用、积极保护、科学管理。为有效控制水污染，在管理上可通过总量控制制度，减轻水环境污染。

四、水资源的争夺与合作

随着经济的发展和人口的增加，对水资源的争夺尤为激烈，特别是干旱地区甚至发生水资源争夺战。中东、北非、中亚等地区国家间的紧张关系和冲突，正是由水资源短缺造成的。中东大部分水资源来源于约旦河、底格里斯河、幼发拉底河、尼罗河，由于所处地理位置不同，个别国家对淡水资源使用的不公平，导致各国相互指责对方多占了应公平分享的水资源，并采用截流、改道等各种手段进行水资源抢占。事实上，水已成为和平的最大威胁。

在 1967 年的中东战争中，以色列占领了约旦河流域的大部分地区，使自己有了可靠的水源。在以色列对约旦河西岸占领期间，采取限制巴勒斯坦人饮水用量，禁止开挖新井用于灌溉，对超过使用限量者实施重罚等一系列措施控制水资源。事实上，控制水资源就等于控制了经济命脉，谁掌握了水资源控制权，就掌握了生存权。世界上许多河流往往是两个或多个国家所共有，各国对水资源的争夺日益明显，因此，全球跨国水资源管理成为各国普遍关注的重要课题。在干燥的中亚地区，水资源危机非常严重，为了解决水资源分配问题，1992年，中亚五国成立了跨国水资源合作委员会，但经过近20年的谈判也没能明确解决水资源问题，各国仍只能按自身利益行事。可以说，水资源争夺影响着该地区的稳定和发展，如果不解决，后果不堪设想。总的来看，各国在跨界河流利用上的矛盾十分尖锐，有时甚至引发军事上的对峙，成为国际冲突的导火索。有专家预言，21世纪中期会爆发以掠夺水资源为目的的战争。[1]

长久以来，国际河流在利用形态和水资源分配问题上产生国家间利害关系的对立，也引发不少民族纷争。19世纪以来，国际社会为预防和解决水纷争，构筑了水利用规则，总体上分为航行、水利用、环境（防污染、生态系统保护）三个方面。一般来讲，关于航行和环境方面的国际协定因利害关系均受相互依存、相互利益的牵扯，容易形成一致意见，但是，关于国际水权调整和水资源分配这种水利用的国际协定，因复杂的利害关系和政治原因，很多场合不容易形成最终的一致意见。美国《洛杉矶时报》指出，日益严重的水资源危机有可能威胁世界和平。1997年联合国会议呼吁，地区性水危机可能预示着全球水危机的到来。近20年来，许多学者、政治家都在提出，必须重视水资源危机对国际安全的威胁，否则一些地区将爆发因水资源而引起的战争。总的来看，当代水资源冲突发生的范围广泛，水资源冲突的表现形式多样，水资源冲突发生率与拥有同一水资源的国家数量有关，对水资源的依赖程度是影响水资源冲突的重要因素，水资源通常在冲突中作为威胁手段或战争工具。

为防止水资源纷争，国际社会采取了大量行动，倡导国际合作。如1966年国际法协会第52届大会通过《赫尔辛基规则》，对国际水资源利用和保护具有积极的影响。1997年联合国国际法委员会制定《国际水道

---

[1] 吴彩斌、雷恒毅、宁平：《环境学概论》，中国环境科学出版社，2005年6月第1版，第35页。

非航行利用法公约》，在国际水资源利用和保护发展史上具有里程碑意义，《公约》的出台主要意义在于保障国际水道的利用、开发、保存、管理和保护，为当代人及后代人而促进对国际水道的最佳和可持续利用。2000 年，在荷兰海牙召开了世界水论坛及部长级会议，大会通过了《21 世纪水安全—海牙世界部长级会议宣言》，宣言倡导共享水资源，促进和平合作，发展各级不同的水用户之间的协调，对于同流域或跨流域的项目应通过可持续性流域管理或其他适当的方式开展国与国之间的合作。2001 年 12 月的波恩会议对水资源合作重点和合作机制起到引导作用，会议通过的《波恩国际淡水会议部长宣言》和《波恩国际淡水会议行动建议》对国际水资源管理产生重要影响，表明各国可以本着伙伴精神共同努力。

应当指出，实现国际水域水资源合作，就是要在主权平等、领土完整、互利和善意的基础上，使国际水域得到最佳利用和充分保护。目前，在合作原则指导下，对国际河流的开发主要有三种模式：

（1）全局分配模式，将确定的水资源量分配给各流域国，各国在配额内自由地利用，无须考虑对他国的影响，这种模式不利于全系统的开发，无法获得最大的综合效益；

（2）项目分配模式，即流域国按照某一专门项目所开发和涉及的水资源进行分配，属于局部的合作分配，通常可以满足合作方的用水需要，但会受流域内其他项目或其他国家的影响；

（3）流域整体规划分配模式，流域国通过签订协议，认可并实施流域整体开发规划方案，为满足各沿岸国的水需求而进行的全局水分配，属于全局性合作模式，利于流域的可持续发展和生态保护，是一种最佳模式。[1]

五、水资源问题对国际关系的影响

首先，水资源短缺是国际冲突爆发的重要因素，影响国际关系的稳定。

[1] 林灿铃：《国际环境法理论与实践》，知识产权出版社，2008年5月第1版，第95页。

从全球范围看，缺水是一个非常严重的问题，即使占有水资源较多的国家，也可能存在许多严重缺水的地区。因此，水资源问题对国家间冲突往往有直接推动作用，成为地区乃至全球冲突的潜在根源和爆发战争的导火线。历史上南亚国家围绕水资源问题争端不断，随着各国经济的发展，对水资源的需求不断增加，水资源开发和用水问题日趋尖锐。印度和巴基斯坦虽于 1960 年签署了《印度河用水条约》，但并未完全解决所有用水争端，在印度河河水的开发利用上依然存在分歧。近年，双方就印度修建大坝的争端更为激烈。从生存空间来看，随着人口的增长，用水需求大幅提高，随着全球气候变暖，水供应问题日益增多，使水和供水系统成为军事行动的目标和战争的手段。如 1974 年伊拉克曾威胁要炸掉叙利亚的一个水坝，声称该水坝减少了伊拉克的河水流量。1979 年埃及总统萨达特威胁埃塞俄比亚，声称要轰炸其水利设施。在水资源的冲突中，最极端的情况就是以水资源作为战争的手段，要么是作为进攻的武器，要么是作为防卫的手段。谁能控制水资源，谁就在政治和军事上处有利地位。在水资源日趋紧张的今天，对水资源的争夺无疑将会成为未来国家之间斗争的重点，影响地区稳定。

其次，水资源短缺对国家主权和国际法形成挑战。从国际关系的角度来看，水资源问题将日益构成或已经成为国家安全和国际安全的重大问题。水资源争端使人们思考多国河流与主权的关系问题。从国际法原则来说，沿河国家对流经其领土的河段是拥有主权和管辖权的。然而，拥有主权并不等于可以任意支配河水。一个重要前提是国家维护主权时，不能损害他国权利。例如，在跨国河流筑坝，任何国家在自己的领土范围内都有权修筑水利设施，别国无权干涉。但是，如果筑坝后别国的流段因此而水量减少，甚至完全得不到水，则属于侵犯别国的主权和利益。在这种情况下，只有通过谈判加以解决。从国际环境关系角度看，当环境问题介入国际关系后，主权国家和国际法的基本原则受到冲击。简单地说，在跨界河流流域，如果上游国家大量取水，下游的水量就会减少。一座水坝的建成，影响的不是一个国家，而是整个流域的生态环境。因此，在国际环境关系中，始终存在着全球国际合作与主权国家利益的协调问题。在国际环境合作方面，国际环境条约虽确立了一国行为不应损害其他国家利益的原则，但在实际操作中仍然十分复杂，如何确定和估计一国行为对另一国造成的危害等，有时很难衡量。

最后，水资源问题对国际政治产生影响，威胁世界和平。过去的50年，由水资源引发的507件冲突个案中，有37件具有暴力性质，其中21件演变成军事冲突。[1] 有专家预测，今后不排除中亚国家再度因争夺水资源而引发冲突的可能。此外，水资源成为中亚各国对外施压的政治手段，加剧了地区关系的紧张。需要指出，中亚水资源问题不仅影响着当事国之间的关系，也影响着上海合作组织的发展，还引发了其他国际组织的介入，引发了美国对这一地区的干涉，带来了新的不确定及不稳定因素。随着人类生活水平的提高，用水需求也不断加大，富国水资源也显得相对不足。富国为维持现有生活方式和利益，不惜牺牲穷国的生存权利，以资源共有为名，干涉发展中国家的水政策，侵害发展中国家利用本国水资源的权利，使南北关系更加紧张。在国际政治多极化和经济全球化趋势下，发展中国家在独立、发展、环境保护和国际地位方面面临着前所未有的挑战。在水资源冲突中，最极端的情况就是以水资源作为战争的手段，或者是作为攻击的武器，或者是作为防卫的手段。哪一方能够控制和利用水资源，哪一方在政治上和军事上就处于有利的地位。1986年，朝鲜宣布将在汉城上游的汉江支流修建发电用的水坝，引发韩国的不安，他们担心水坝有可能成为攻击性武器，只要故意把水坝破坏，汉江水就可以淹没汉城，对韩国形成严重威胁。目前，水资源正成为影响地区安全乃至全球安全的凸显因素。一旦处理不当，它将可能导致国家间的争斗，甚至引发武装冲突，对国际关系、国际安全构成严重威胁。

---

[1] 王正旭：《水资源危机与国际关系》，载《水利发展研究》，2004年第5期，第53页。

六、水资源问题对国家安全的影响

（一）水资源问题影响一国的粮食安全。农业的兴起与发展、农业的进步和现代化是在水资源不断开发利用的基础上展开的，兴农必先兴水。有了水，才有粮、棉、油，才有水产品。有了水，沙漠可以变绿洲，薄地可以变良田。从古至今，水利是农业的命脉，水资源短缺必然影响农业生产，危及粮食安全。粮食安全是维护社会稳定的基础。一旦粮食安全受到威胁甚至导致危机，就极易引起社会不安和诸多矛盾，直接危及国家安全。

（二）水资源短缺影响工业生产。在工业生产过程中，水作为清洁剂、冷却剂、溶解剂、催化剂、反应剂等参与工业产品的生产。饮料、酒类产品以水作为主要生产原料。以水能为动力的水力发电为工业生产提供清洁能源等。没有水，工业生产就会陷入瘫痪。城市的饮食业、城市的绿化、城市的环保、城市的景观、城市的建设都离不开水。如果水资源不可持续，那么经济社会的发展也就不可持续。如果水资源发生危机，那么必然会导致经济危机，会给国家的经济发展造成威胁。

（三）水资源短缺会影响能源安全。水是战略性的经济资源，水利是国民经济的基础产业。水能资源是水资源的重要组成部分。以流量、水量和落差为主要特征的水能资源，经人工开发可转化为水电能源，在保护生态与环境的基础上有序开发水能资源，不仅可以缓解能源紧张，也可源源不断地提供可再生的清洁能源。如果水资源短缺，必将影响能源安全。

（四）水资源短缺影响城市安全。城市是当代社会经济系统的核心，水资源提供了城市社会经济发展的基本资源支撑。随着城市化进程的加快，水资源需求量剧增，供需矛盾日趋突出，对城市安全构成挑战。应当说，水是城市的生命线，没有水就没有城市的存在和发展。以河流、湖泊、湿地等构成的城市水域是城市赖以生存和发展的基础。有水，城市才灵秀，才有活力。若不重视城市生态建设和水环境建设，就无法为城市提供水安全保障。

（五）水资源短缺影响社会稳定。良好的水资源条件是社会稳定和发展的基础。相反，恶劣的水资源条件如洪涝灾害、严重干旱、海啸、水环境恶化等，不仅危及人的生存，而且处理不当有可能成为社会动乱的诱因。今天水危机的出现就容易导致人群与人群、区域与区域之间的争水矛盾，甚至发生械斗，影响社会安定。

（六）水资源短缺影响生态安全。水是生物群落生命的载体，是生物群落内部和生物群落之间物质循环、能量流动、信息传递的介质。如果没有水，生物也就失去了生存所需要的物质和环境。人类生活在自然环境与社会环境之中，水环境和水生态环境是人类重要的环境资本。如果水环境或水生态环境遭受破坏，最终会影响人类的生存和发展。

应当指出，水短缺和水污染是我国水资源安全中最突出的问题，对国家安全有现实和潜在的威胁。由于水源的有限、水量的减少、水质的恶化、使水资源跟石油一样，属于国家战略资源，左右国家经济安全，影响国家的生存和发展。其次，水资源短缺对人类安全构成威胁，如因缺水导致的各种疾病，因缺水会破坏生活秩序，冲击社会稳定。水资源短缺将带来一系列生态灾难，影响生态环境，人类的生存和发展空间受到威胁。

七、水资源安全战略与保障思路

从古至今，确保水资源安全，是治世安邦的主题，尤其是在当代，水安全问题已成为直接危及粮食安全、经济安全、生态安全、社会安全和国家安全，乃至人类生存安全的具有基础性、全局性和战略性的重大问题。联合国早在 1977 年召开的世界水会议上，就曾把水资源问题提高到全球的战略高度来考虑。中国在世界上属于水资源贫乏国家，因此，按照科学发展观要求，研究采取科学的水安全战略，有效解决各类水安全问题，具有重大的理论价值和长远意义。简单地说，水资源安全是指国家利益不因水资源问题而受到损害，国家经济社会可持续发展不因水资源问题而受到威胁的状态。水安全战略则是从宏观和总体上研究系统全面解决水问题所应采取的总体方针、政策和措施，着重强调决策出发点的系统性、总体性和根本性，措施安排的全局性、整体性，以及时间连续性，必须观照过去、现在和未来，兼顾近期、中期和远期水战略目标。在我国，十年前就有专家建议，从防洪减灾、高效的灌溉农业、城市和工业节水、综合治污、重视生态环境用水、南水北调、供需平衡、开发利用等八个方面确立水资源安全战略。

国外学者认为水资源安全保障的概念有两种解释，一是确保国家、地区的水资源，二是一般意义上的安全保障对水资源的影响。本书认为，水资源安全保障从内容结构上是具有多层意义的概念，一是针对国内河流，要确保水量的充分、水质的清洁、水生态的安全；二是针对国际河流，既要确保本国水资源充分的使用，又要协调好该流域内其他国家用水需求的关系，避免纷争和冲突，利用和平手段，开展国际合作，争取双赢，确保水资源安全；三是在水资源安全保障方面，反对动用武力或者武力威胁的做法，这在当代已不合时宜，严重违背国际法的基本准则。目前，全球范围的水资源危机对各国政治、经济、社会发展的影响日益严重，威胁着国际安全和地区的和平与稳定。因此，确立水资源安全战略对水资源问题的解决、对未来国际安全与世界和平的维护，必将起到越来越重要的作用。当然，水资源安全战略的实施需要可靠的保障。水资源安全的战略保障需要依靠战略规划、体制安排等手段，还需要水资源安全的法律保障，从国内法和国际法两个角度予以保障，更重要的是，水资源安全保障还需要市场手段和技术手段的保障，尤其是现有技术的发动和技术创新对维护水资源安全极为重要。最终，水资源安全战略需要环境外交的交涉力和影响力等合力来推动，通过充分的国际合作，确保水资源安全。

第一章　水资源安全理论及形势分析

　　淡水是有限的资源，绝对量不会增加，尤其在今天，因各种人为原因和全球气候变动，水资源出现严重短缺，为此，确保水资源安全成为预防纷争和解决人类生存危机的关键。在这样的形势下，我们需要准确认识和识别水资源安全，需要把握水资源安全属性和特性，需要了解水资源安全的影响因素，需要掌握水资源安全目标及实现途径。在此基础上，还有必要了解和把握我国水资源安全形势乃至全球水资源安全形势的大局。

第一节 水资源安全基本理论

水资源安全在国家安全中具有战略性地位，是国家安全的一个重要组成部分，在国家安全结构中起到基础作用，是国家生存与发展的战略基石和根本条件。国家安全不能因水资源安全问题而受到威胁。因此，理论上研究水资源安全具有非常重要的现实意义。

一、水资源安全概念

一般来说，"水资源安全"有广义和狭义之分。广义的水资源安全是指国家利益不因洪涝灾害、干旱、缺水、水质污染、水环境破坏等造成严重损失；水资源的自然循环过程和系统不受破坏或威胁；水资源能够满足经济和社会可持续发展需要的状态。

狭义的水资源安全是指在不超出水资源承载能力和水环境承载能力的条件下，水资源供给能在保证质和量的基础上满足人类生存、社会进步与经济发展，维系生态环境的需求。水资源安全的内涵包括水质的安全和水量的安全两个方面。

水资源安全对一个国家来说主要表现在以下三个方面：国家的主权不能因水资源问题而受到严重威胁，国家的利益不因全球化带来的水资源问题而受到严重损害，国家的发展不因水资源问题而受到阻碍。[1] 由此，国家安全和水资源安全又是两个概念互补的安全范畴。从人类社会生存与发展角度看，水资源安全是水资源问题日益严重化的终极形态，事实上已被人类社会承认是一个重要的安全问题。也就是说，水资源安全问题的最终形成，必须有两个条件，一是水资源问题对人类社会构成现实和潜在的威胁和危险；二是这些危险和威胁被人类社会认同为安全问题。前者是客观

---

[1] 畅明琦：《水资源安全理论与方法研究》，西安理工大学博士论文，2006年11月，第32页。

的，后者是主观的。如果客观上确实存在危险和威胁，而主观上又可以感知并给予认同，那么，水资源安全在人类社会中就能够得到建构。

二、水资源安全性质归属

从空间角度来看，水资源安全既是区域资源安全问题，也是全球资源安全问题。前者是指水资源由于时空分布或者消费使用上存在矛盾，造成利益冲突。后者是指由于水资源安全问题的存在，人类生存和社会经济发展受到威胁，成为国际安全隐患，甚至造成国际武力冲突。水资源在多数情况下表现出区域性，也就是国家、地区以内出现了水短缺、水污染等危机。但也不乏全球性，全球有200多条国际河流，40%的人口生活在国际流域内，由此，水资源分配问题就成为国际争端的起因之一。

从时间角度来看，水资源安全问题应该说是个长期安全问题。由于过去的不合理行为而导致的水资源短缺、水污染、水环境破环等，在未来会长期存在，因为水资源的供求矛盾随着人口和经济的膨胀与发展会越发加剧，需要将水资源安全问题作为一项长远战略来抓。

从水资源涉猎的内容看，水资源安全涉及自然、社会、经济及人文等方面，具有多层次性。因此，水资源安全应当包括水资源社会安全、水资源经济安全、水资源生态安全、水量安全、水质安全和水灾害防治安全等几个方面。

从诱因上来看，水资源安全是内外因结合型资源安全。水资源一方面要受到其自然属性如时空分布的影响而产生旱涝、河流改道等问题；另一方面还要受制于人为因素，如挥霍用水、大量排污、生态破坏等。自然的水循环波动和人类对循环平衡的改变这两个要素相辅相成，决定了水资源安全问题的产生是多种原因综合的结果。[1]

---

[1] 郑芳：《水资源安全理论和保障机制研究》，山东农业大学硕士论文，2007年6月，第12页。

三、水资源安全的特点

（一）利己性。水资源安全研究出于人类利益的需要。这种利益包括经济方面的、意识形态方面的和心理方面的。人类只有一个地球，面对水资源尖锐的供需矛盾，如何利用有限的水资源在空间上互补互利，在时间上世代共享，以保障人类生存和发展的安全，这是一个涉及自身利益的重大问题。

（二）针对性。水资源安全的确定是针对特定国家或特定地区的人水关系来进行的。是人类有目的、有意识、有计划的行为，具有很强的实用性。因不同国家或地区在不同的时段里都会有不同的人水关系，危险或危害又各不相同。因此，必须针对特定区域的水资源安全问题，查明其形成背景、相互作用机制，进而制定政策和措施乃至调整制度安排。

（三）公共性。水资源是人类和生物群落赖以生存和进行生命活动的公共资源。其效用为整个生物界所共享，而不能简单地将它分成若干部分，分别归属某些个体独享，从而排斥全体成员的享用。[1]

四、水资源的安全目标及实现途径

水资源安全的目标就是保证人类的生存与发展不因水资源的问题而受到威胁。水资源安全的基本目标是以总量控制、重点改善、全面保护，保证水资源的安全供给，实现水资源的优化配置，建立有利于水资源利用、生态环境保护和社会经济发展的资源节约型国民经济体系，保障不出现重大水资源不安全问题，以实现水资源可持续利用与经济社会的可持续发展。

实现水资源安全目标的途径主要有以下几个方面：第一，必须以水资源承载力和水环境容量为基础，统筹规划生产力布局；第二，建立水资源

---

[1] 畅明琦、刘俊萍：《水资源安全的内涵及其性态分析》，载《中国农村水利水电》，2008年第8期，第12页。

供给保障体系；第三，转变经济增长方式，走循环经济之路；第四，建立水资源节约型体系，提高用水效率；第五，开展水资源安全警示教育，提高全民忧患意识；第六，建立区域水资源安全危机防范体系，包括预警、应急与修复。

五、水资源安全的影响因素

客观原因是全球气候变暖，地表水蒸发量增大，水量减少，导致水体自净能力下降，水环境污染因而加剧，但更多的还是人为的主观因素。

（一）湖泊、河流湿地锐减，控污蓄水等生态功能削弱。多年来，出于发展农业的需要，人为因素导致大量湖泊湿地不断萎缩和消失，使其水源涵养、蓄积和水补给功能削弱，导致水资源量减少，继而又降低了控污作用和自净功能，扩大了水环境污染的范围。

（二）森林草地植被遭受破坏，涵养水源等能力下降。传统农业的发展，使许多植被遭到毁灭性破坏，水资源失去了赖以涵养、蓄积的空间，贮水功能大大下降。因过度放牧，可利用的天然草原植被不同程度退化，出现土地沙化。植被减少，势必造成水土流失，加之化肥、农药等进入水体，造成更多更大面源污染。大量的水土流失，造成河道泥沙淤积、河床抬高，影响过流能力，危及防洪安全。

（三）污废水排放量逐年上升，水环境受害程度加重。多年来，随着经济的快速发展，各类污废水排放量和主要污染物逐年增加。工业污染、农业污染不断，城镇污染攀升，许多生活污水和生活垃圾未经无害化处理，大量垃圾渗滤液随着雨水流入水体或渗透到地下水层。

（四）环保投入资金偏紧，治污项目建设缓慢。长久以来，发展中国家因缺乏资金，生活垃圾处理场和生活污水处理厂兴建甚少，致使基础设施不完善，运行经费不足，难以发挥治理效益。我国在保护和恢复森林、草地植被和湖泊河流等的生态功能方面，更是投资偏低，治理进展缓慢。[1]

（五）管理体制不合理，依法监督不严格。20世纪70年代以来，尽管各国都建立了水资源管理体制，但又普遍存在着监管职责不明晰，监管缺位，不能形成监管的整体合力。虽有政策法规，但落实的阻力多、难度大，违法者没有承担相应的违法成本和代价，失职弃责的官员没有追究其相应的责任。总之，资源管理的混乱是造成水危机的管理因素。

（六）对水资源价值的认识模糊不清，是造成水危机的根本原因。从经济学来考虑，水资源是经济资源，具有使用价值和价格。过低的价格带来使用上的不经济，导致可利用的水资源短期内大量消耗，出现水危机，引发了水资源不安全。

（七）经济增长至上的思想长期存在，是造成水危机的思想根源。过去，由于强调经济效益，根本不考虑社会效益和环境效益，众多的外部不经济行为所构成的集合破坏了环境自身的调节作用。同时引发上、下游用水纠纷不断，影响社会稳定。

六、水资源安全的衡量

过去，衡量水资源是否安全，仅用人均水资源量和水资源开发利用程度两个指标，很难反映人类对水及水相关生态的压力。为此，有学者主张，从水资源总体安全、水资源社会安全、水资源经济安全和水资源生态安全四个方面，建立一整套水资源安全评价指标体系。提出了20个推荐指标，包括总需水满足率、人类耗水量占人类可耗水量的比例、枯水发生概率、特枯年份生活用水保证程度、特枯年份GDP受损率、人均城镇生活供水量占标准需水量的比重、人均农村生活供水量占标准需水量的比重、水质安全的人口比例、家庭水费支出占家庭可支配收入的比例、弱势群体安全供水率、企业平均停水时间、实际灌溉水量与应灌溉水量的比例、灌溉用

---

[1] 苏征耀：《我国水资源形势及其应对策略》，载《水资源研究》第28卷第1期2007年3月，第12页。

水达不到农业灌溉用水标准的灌溉面积占总灌溉面积的比重、水费占总生产成本的比重、生态需水满足程度、水资源开发利用程度、受污染河道比例、累计地下超采量占平均地下水资源量的比例、实用湖泊湿地面积占期望面积的比例、航道缩短率。[1]本文认为，上述指标体系还是比较繁杂，难以准确地反映水资源安全总体程度。要想确立真正的衡量水资源安全指标，需要相当长时间的摸索。在探索过程中还要遵循一定的原则，原则如果是给定的，具体的安全指标就可在确保水资源安全的实践中找到。

构建水资源安全衡量指标体系应遵循以下原则：

（1）科学性。评价指标应具有明确的科学内涵，概念准确，应能准确反映系统某一侧面的内涵及特征，便于理解与测度。

（2）完整性。所选指标能全面反映水资源安全的内涵，同时要求指标简洁、精练。

（3）可比性。要求指标的选取和国内外的研究具有可比性，同时，应考虑到与研究区域历史资料的可比性，使得水资源、社会、经济、环境具有明显的时空属性。

（4）可操作性。评价指标的选取要考虑获得资料的可能性和统计计算的可行性，不能过于复杂而难以量化。

（5）特殊性。因区域之间在自然环境、社会经济等方面的相异，指标应随区域和地区差异而灵活使用，应符合地域特点。

（6）时效性。指标要反映水资源安全状况的动态过程评价量，指标属性还要具有因时间变化而导致状态变化的应对能力。

水资源安全评价的目的是分析水资源利用的安全状况，并预测未来的水资源安全趋势。根据评价结果，指出存在的问题和安全隐患，提出相应对策和建议，为水资源的合理开发利用和优化配置提供参考和借鉴。常用的评价方法主要有：

---

[1] 贾绍凤、张军岩、张士锋：《区域水资源压力指数与水资源安全评价指标体系》，载《地理科学进展》2002年第5期，第545页。

（1）水安全系数或水安全度。一个区域或国家的水资源安全程度可以用水安全系数或水安全度来描述。通过安全度可以建立反映水资源安全系数各因子及其综合体系质量的评价指标，定量评价某一区域或国家的社会经济、水资源和环境协调发展的安全状况。

（2）模糊多级综合评判法。模糊综合评判是对受多种因素影响的事物作出全面评价的一种十分有效的多因素决策方法，是应用模糊变换原理和最大隶属度原则，考虑与被评价事物的各个因素，对其所作的综合评价。此外，还有功效系数法评价。[1]

近年，有学者主张从水量安全、水质安全和水灾害防治安全三个方面对水资源安全作出评价。水量安全评价选取水量压力指标和水量紧张指标为评价指标，水质安全评价选取废水排放及其处理和水质结构变化两方面进行评价；水灾害防治安全评价主要是指对突发性的水资源灾害（洪涝干旱和大规模水污染事件）发生的频率和严重程度以及对水资源灾害的抗风险能力进行评价。本文认为从确保国内水资源安全的角度来看，上述观点比较可取，但要兼顾国际河流水域安全，这就要考虑国家安全，进而，再从水资源安全影响角度出发，涉及一国的社会安全、经济安全、生态安全。为进一步保障水资源安全，还应建立水资源安全预警系统，对水资源危机进行预期性评价，提高发现未来水资源可能出现不安全问题的能力，预警内容包括：水量重大的变化、水质变化、影响水资源安全的重大因素，水资源安全对其他安全的影响。通过建立预警系统得出的预测性结论，进一步建立适合区域特征的水资源安全保障体系，满足区域需水要求，提高水资源利用率，实施需水管理战略，增强水资源系统灾害恢复能力，提高水资源安全保障程度。

---

[1] 梁灵泉等：《区域水资源安全评价研究初探》，载《东北水利水电》，2006年第4期，第13页。

第二节　我国水资源安全形势

准确认识我国水资源安全形势，有利于正确把握我国水资源存在的问题，有利于从需求和供给两个角度，有利于维护水资源使用的平衡，有利于政府正确决策，有利于社会积极参与水资源安全的维护，对实现水资源的可持续利用、经济社会的可持续发展，具有重要意义。

一、我国水资源基本状况

我国水资源总量居世界第六位，但人均占有量仅为世界平均水平的30%左右。我国水资源南多北少，东多西少，与人口、耕地、矿产等资源的分布及经济发展状况极不匹配。长江及其以南水系的流域面积占全国国土总面积的36.5%，其水资源量却占全国的81%；淮河及其以北地区面积占全国国土面积的63.5%，水资源量仅占全国的19%；西北内陆河地区面积占全国国土总面积的35.3%，水资源量仅占全国的4.6%。我国受季风气候影响，降水量年内分配极不均匀，大部分地区汛期4个月的降水量占全年总量的70%左右。我国水资源中大约三分之二是洪水径流量，降水量年际变化也很大。特别是在全球气候变化和大规模经济开发双重因素交织作用下，我国水资源情势正在发生新的变化。水资源评价的最新成果显示，1980~2000年水文系列与1956~1979年水文系列相比，黄河、淮河、海河和辽河4个流域降水量平均减少6%，地表水资源量减少17%，海河流域地表水资源量更是减少了41%。目前，全国缺水量达400亿立方米，近三分之二的城市存在不同程度的缺水，农业平均每年因干旱成灾面积增多。总之，我国水资源人均占有量低，加上时空分布不均，使我国成为水旱灾害频发、水资源短缺、水污染严重、生态环境脆弱的国家。

近20年来，我国降水时空分布愈加不均匀，北方地区特别是黄河、海河及辽河流域持续干旱，地下水水位持续下降，同时，由于经济建设和人类活动，原来的下垫面条件也发生了改变，导致了降水—径流关系、地表水—地下水转换关系等出现新的变化，从而使得水资源的数量、质量、可利用量、可供水量及其时空分布等均发生了一定程度的变化。随着经济社会的快速发展、用水量的不断增长和供用水结构的变化，水资源开发利用过程中的供、用、排、耗等关系发生较大改变，水资源供需矛盾日益突出，水资源短缺、水污染和水生态环境恶化等问题已经成为我国国民经济和社会发展的严重制约因素。随着我国人口的持续增长、经济快速发展、城镇化水平和人民生活水平的不断提高，对水资源的开发利用和保护也提出了更高的要求，要满足社会发展对饮水安全的要求，满足经济快速发展和人口增长对保障经济供水安全和粮食安全的要求，满足人民生活水平提高和保持社会稳定对改善生态环境等方面的要求。

二、我国水资源安全现状

近十年来，我国的水资源安全形势严峻，突出表现在水量、水质、水环境三个方面。

（一）水资源供需矛盾加剧。我国人均水量为 2200 立方米，约为世界人均水平的四分之一，居世界第 114 位。按"人均水量 2000 立方米以下为严重缺水"的国际标准衡量，我国已接近严重缺水的边缘，是世界上 13 个水资源最为匮乏的国家之一。事实上，我国城市缺水极为严重，直接影响工业产值，在全国 668 个城市中，有 300 多个城市缺水，其中 110 个城市严重缺水。全国农业年缺水压力很大，全国牧区近一半的生产、生活用水问题没有解决。随着经济的发展和人口的增加，水资源短缺的矛盾将更加突出。2010 年全国总供水量缺口近 1000 亿立方米，2030 年全国将缺水 4000 亿~4500 亿立方米，局部地区的缺水形势则将进一步恶化。另外，我国用水效率低下和浪费严重问题也不能忽视。我国城市工业用水的重复利用率平均为 40%~50%，欧美发达国家都已超过 85%。我国农业灌溉用水的利用系数很低，每年农业浪费水量超过 1000 亿立方米。

（二）水质危机突出。我国地表水和地下水的水质污染都非常严重。从地表水看，每年的工业废水和生活污水多半未经处理就直接排入河湖，而且，排放量呈逐年上升趋势。我国七大水系普遍被污染，海河、辽河污染最重。主要湖泊污染同样严重，在全国 2800 多个湖泊中，凡接纳城镇污水的湖泊，均出现氮、磷含量超标导致富营养化，水质令人担忧。在 13 亿的饮水人群中，1.11 亿人饮用含铁量超标的高硬度水，0.15 亿人饮用高硝酸盐水。在未来 20 多年中，随着城市化和工业的发展，废污水排放量将大幅增加，到 2030 年将有 850 亿~1060 亿立方米的废污水排放到江河中，水质危机会进一步加剧。我国地下水污染也不容乐观，尤其是北方城市地下水污染严重。

（三）水资源环境问题更加严重。水环境是指水资源得以涵养、蓄积的空间。通常认为，当径流量利用率超过 20% 时就会对水环境产生很大影响，超过 50% 则会产生严重影响。目前，我国资源开发利用率已达到 19%，接近世界平均水平的 3 倍，给水资源环境造成巨大压力。水环境恶化突出表现在地下水的过度开采、湖泊萎缩、滩涂消失、湿地干涸、水源涵养能力和调节能力下降。此外，水土流失严重问题，中国西部的水土流失面积仍在扩大，长江流域的水土流失面积在过去 15 年内增加了 2 倍，仅宜昌段每年泥沙沉积量就达到 5 亿吨左右。[1] 严重的水土流失使原本脆弱的水资源生态环境进一步恶化。

三、水资源问题的发展态势

进入 21 世纪，我国随着人口的增加和国民经济的快速发展，水资源问题更加严峻。水资源是量与质的高度统一，21 世纪我国面临着水量危

---

[1] 成自勇等：《中国水资源存在的问题及对策》，载《水利经济》，2007年1月第25卷第1期，第67页。

机的同时，水质危机也愈加严重，因水质问题导致水资源危机甚至大于水量危机。虽然随着我国环境治理力度加大，水质恶化的势头有所抑制，但从总体上来判断，水质恶化的趋势仍不可避免。从空间上看，水质危机将由大陆向海洋，从城市向农村扩展，如果不采取有利的措施，一些城市、地区或流域甚至全国都可能发生水质危机，可以说，水质危机危害远远超过水量危机，需要高度重视。我国学者周少华认为，中国水资源安全已处于危险状态，部分地区、部分指标已处于高度危险状态，并从以下三个方面对我国未来水资源安全形势作出预测：

（一）从人均水资源指标看，随着经济社会的发展及气候变化的影响，人均可利用水资源的空间将越来越小。一方面，近年来，全球气候变暖，对中国的气温和降水都有明显的影响。气候变暖导致蒸发加剧，降雨量减少导致水量减少。虽然可开发而尚未开发的淡水资源总量是基本稳定的，但由于降水量的减少，特别是局部地区降雨量的骤减，导致水域面积减少，蓄水功能减弱，进而导致水资源的有效供给减少。另一方面，按人口增长态势，预计2020年中国人口将达到14.5亿，2030年中国人口将达到16亿，按现在水资源总量不变计算，中国人均水资源量将仅为1700立方米，接近世界公认的缺水警戒线，因此，未来中国水资源的安全形势十分严峻。

（二）从水资源开发利用程度看，目前全国水资源开发利用率虽处安全范围，但北方已处高度危险状态。中国约有一半的水资源已被开发利用。海河开发利用率已达到100%，大大超过国际上公认的30%~40%的开发利用率上限。随着经济的发展，以及工业化城市化的加快，未来将消耗更多的水资源。根据上面的预测，2020年，中国对水资源的总需求为6962亿立方米，在充分考虑节水的情况下，届时全国缺水量为200亿~1200亿立方米。为了满足生产、生活的需要，在水资源总量基本给定的情况下，水资源开采力度必将进一步加大，因此，全国的水资源开发利用将会整体逼近或超过安全警戒线。

（三）从水资源污染情况分析，水资源污染将成为水质性水资源短缺的主要原因。2005 年，Ⅳ类和劣Ⅴ类水占河流总长的比例占全部河长的 39.1%，比 2002 年提高了 0.5%，已处危险状态。因人口增长、经济发展和社会活动等，未来中国水资源仍有面临更大面积污染的可能。一是人口增长对水资源的污染。人口增加的社会经济活动造成水环境污染以及由于水资源利用量增加所引起的污水排放量的增加。二是经济发展对水资源质量的冲击。发达国家的经验表明，社会总产值每增加一个百分点，废水排放量将增加 0.26%，工业总产值每增加 10%，工业废水排放量将增加 0.17%。未来 20 年，中国水资源的利用和废污水的排放量将会不断增加，经济发展对水资源质量的冲击依然十分严重。三是农业对水资源质量的影响。中国是农业大国，目前化肥年施用量约为 3252 万吨，平均每亩施用量 22.2 公斤，超过英国和法国。可以预测，21 世纪中国化肥和农药的使用仍将大幅增加。四是生态环境破坏对水资源质量的影响。由于森林减少、植被破坏以及沙漠化导致河流、湖泊的淤塞，大量氮、磷等营养物流入水体，造成水体污染和水资源质量下降。

总之，未来中国的水资源需求将呈增长态势，如果不采取积极措施，水资源安全状况将比今天还要严峻，完全有可能由"危险"状态进入"高度危险"状态。[1]

四、我国水资源危机的化解

为确保我国水资源安全，对目前的水危机状态，短期内应从供给和需求两方面化解。

（一）在供给方面，水质型缺水是中国水资源危机的重要方面，应建立和完善水生态保护补偿机制，通过建立激励机制，激发保护者的积极性。在水生态保护的主体、水生态受益的主体及水生态保护的效果均容易量化的情况下，可以建立"谁受益，谁付费"和"谁保护，补偿谁"的市场补偿

---

[1] 周少华：《中国水资源安全现状及发展态势

办法。在水生态的受益者主体不明确的情况下，可采用政府财政转移支付的办法向保护者提供补偿。在治理水污染方面，治理的重心必须转向"源头"而不是停留于"末端"，做到末端治理与源头控制的有机结合。随着生活水平的提高，人们对环境质量的要求也日益提高，因此对水保护要有长远目标，实施废水减排计划，实施城市生活污水与园区工业污水的集中治理工程，实现废水治理的规模经济效果。中国拥有丰富的海水资源。从长远看，实施海水淡化科技计划，是保证中国，特别是沿海地区和海岛地区水资源安全的备用方案。海水淡化技术的关键在于降低成本。随着海水淡化技术的快速进步，海水淡化的成本呈现出递减趋势。如果自来水价格上升趋势和淡化水成本下降趋势继续发展，那么海水将成为取之不尽的新水源。

（二）在需求方面，应提高水资源利用效率，引进和开发节水技术。我国的水资源危机不仅是"短缺危机"，也是"效率危机"。提高水资源生产力是解决水资源危机的重要途径，是保障我国水资源安全的重要一面，潜力巨大。我国还应建立水价调节机制，遏制过度用水需求。水资源价格是影响水资源需求者用水数量的直接杠杆。"高价少用，低价多用"是需求定律在水资源领域的反映。总体上讲，水资源的价格体现水资源的稀缺程度。随着时间推移，水资源的稀缺性呈型加剧趋势，因而水资源价格也必然呈上升趋势。但是，水资源价格的调节机制在基本生活用水和公共用水方面要体现公平优先，在生产型用水和享乐型生活用水方面要体现效率优先。最重要的是，在需求保障方面，要坚持产业结构调整和经济增长方式的转变，在水资源作为稀缺资源的背景下，要尽力压缩水资源密集型产业，大力发展节水型产业。重视水资源生产率，促进产业结构的调整和升级。

第三节　全球水资源安全形势

把握全球水资源安全形势，目的是充分认识到水危机、水纷争对人类生存的威胁程度，更要以史为鉴，面向未来。回避因水资源争夺而产生的武力冲突，通过和平交涉与谈判，公平合理地使用、分配水资源，共同维护人类安全。

一、全球性水资源危机日益严重

目前，世界上对水资源的需求正急剧上升。同时，因水资源污染、全球气候变迁、生态失衡、人口激增、工农业发展迅速、城市化进程加快、政府管理措施不力以及战争破坏等原因，世界上可供消费的水资源正在急剧减少，水荒频繁出现，从少数国家、局部地区蔓延全球。目前世界有12亿人用水短缺，30亿人缺乏用水卫生设施，每年有300万~400万人死于和水有关的疾病。水资源危机带来的生态系统恶化和生物多样性被破坏，也将严重威胁人类生存。如果世界各国政府继续对水资源问题不予重视的话，今后几年中，水资源危机将会非常严重。最坏的估计是到21世纪中叶，将有60个国家近70亿人口面临缺水问题。即便是最乐观的估计，也将有48个国家超过20亿人口面临缺水问题。水短缺已经严重制约人类的可持续发展。有人说，石油危机之后，下一次危机将是水，目前的地区性水危机预示着全球性水危机的到来。水资源危机对国际关系正起着越来越明显的作用，它既导致沿河国家的争斗，甚至引发武装冲突，对国际关系、国际安全构成严重威胁，当然它也可以极大地促进相关国家的交流和合作。[1]2009年1月，瑞士《达沃斯世界经济年会报告》指出，全球正面临"水破产"危机。

二、全球性水资源危机表现

根据联合国的数据，到2025年全球将有35亿人口缺水，欧美发达国家与发展中国家同样面临水问题。当前，全球水资源危机主要表现在三个

[1] 王正旭：《水资源危机与国际关系》，载《水利发展研究》，2004年第5期，第52页。

方面：

（1）人口增长和社会经济发展对有限的水资源造成巨大压力，水供不应求。据估算，全球用水量每年将以4%～8%的速度递增，水的供需矛盾日益突出。

（2）供水靠过度开发水资源维持，因此不可持续。美国中部的奥加拉拉蓄水层是世界上最大的蓄水层，但由于过度开采，当地的地下水位持续下降。

（3）大范围水污染。水污染不仅直接威胁水源的安全，还通过污染水产品、农产品等途径威胁食品安全，造成土壤污染、地下水污染等长期危害。据联合国统计，全世界每年倒入江河湖海中的有毒物质达上千万吨，全球约10%的河流被不同程度地污染。

2010年3月22日是第18个世界水日，主题为"保障清洁水源，创造健康世界"。联合国环境规划署当天发布一份报告，描述了受污染水资源给人们健康和生命带来的危害，随着社会经济的发展和人口的增加，未来世界水资源供需矛盾将进一步激化，水资源安全危机将不断加剧。21世纪对水的争夺将成为冲突与战争的根源之一。水资源安全危机将严重影响国际社会的稳定和制约人类的可持续发展，水资源的安全危机已成全球必须面对的重大环境问题和社会问题，前景令人担忧。如何科学合理地开发、利用、管理和保护水资源，已成全人类面对的重大课题，水资源安全危机已成国际社会广泛关注的热点。

三、全球性水资源危机的原因

全球水资源危机加重的原因，可从联合国教科文组织公布的《世界水资源开发报告》中得到解释。报告指出水资源开发中九大问题值得重视：

（1）是水资源的管理、制度建设、基础设施建设不足。

（2）水质差导致生活贫困和卫生状况不佳。2002年全球约有310万人死于腹泻和疟疾，其中近 90% 的死者是不满 5 岁的儿童。

（3）大部分地区的水质正在下降，淡水物种和生态系统的多样性正在迅速衰退。

（4）90% 的自然灾害与水有关。许多自然灾害都是由土地使用不当造成的。东非旱灾就是当地人大量砍伐森林用来生产木炭和燃料，使得水土流失，湖泊消失而导致的。由于周围过度开发，乍得湖面积已经缩小了近 90%。

（5）农业用水供需矛盾更加紧张。到 2030 年，全球粮食需求将提高 55%，这意味着需要更多的灌溉用水，而这部分用水已经占到全球人类淡水消耗的近 70%。

（6）城市用水紧张。到 2030 年，城镇人口比例会增加近三分之二，从而造成城市用水需求激增。

（7）水力资源开发不足。发展中国家有 20 多亿人得不到可靠的能源，而水是创造能源的重要资源。欧洲开发利用了 75% 的水力资源。但在非洲，水力资源开发率很低。

（8）水资源浪费严重。世界许多地方因管道泄漏等原因致使多达 30%～40% 的水资源浪费，甚至更多的水资源被白白浪费掉。

（9）对水资源的财政投入滞后。报告指出，近年来官方用于水务部门的开发投入每年大约为 30 亿美元，世界银行等金融机构提供 15 亿美元非减让性贷款，但只有 10% 被用于制定水资源政策、规划和方案。此外，私营水务部门投资呈下降趋势，增加了改善水资源利用率的难度。

以上九大问题中，我们可以抽出水资源的管理、制度建设、基础设施建设不足这三项客观因素，重点对财政投入滞后、城市用水紧张、农业用水紧张、水资源浪费严重、水力资源开发不足等主观人为因素进行研究，找到化解危机的途径。当然，九大问题值得各国政府和社会的重视，更重要的是，地区性水资源危机以及由此导致的国际关系危机更值得关注，也更值得思考。

四、全球性水资源危机下的中东

水资源是中东地区最珍贵的自然资源和国家资源，水资源短缺是中东地区国家间矛盾的症结之一，是左右该地区国家间关系的核心问题。中东地区的用水量到 2025 年估计会再翻一番。水资源问题的重要性不容忽视，处理不好就可能导致战争爆发。[1]

多年来，由于气候变化，中东地区年均降水量逐年减少，导致淡水资源减少。同时土壤盐分、污染物排放逐年增多，对于水资源的缺乏没有一个综合的解决办法，也没有替代办法。海水淡化和废水重复利用花费太高，得不偿失。各国尚未对该地区河水资源的利用达成协议，人口增长导致耕地面积增加，加之多种灌溉方式的运用，使得农业用水量居高不下，研究结果表明，全球气候变暖影响了中东地区的水资源储备。

1967 年，在占领约旦河西岸和加沙地带之后，以色列通过军事手段对水资源加以控制。迄今为止，以色列多次打着"河水换和平"的旗号，试图获得 1% 的尼罗河水，用于灌溉农田。但埃及拒绝了以色列的历次请求，理由是埃及本身的用水量也在逐年攀升。在这种情况下，以色列怂恿尼罗河沿岸的阿拉伯国家在沿岸构筑水利工程，减少埃及对尼罗河水的占有量，从而不断向埃及施压。以色列有意通过控制戈兰高地来保护约旦河的水资源。中东地区的水资源短缺十分明显。土耳其水资源越来越少，水费甚至高于石油和天然气的价位。近年来土耳其加紧建设的水利工程，而伊拉克和叙利亚只能接受现实。有学者认为，土耳其的水利工程就是希望通过水资源控制和军事力量双管齐下，实现对地区的控制和霸权。

水资源和水路公平分配原则的实施是实现中东地区与水资源相关的政治安全的前提，解决水资源问题的出路主要有三个：增加供给、减少需求、提高合作。

中东地区水资源政治上的解决方案有：

---

[1] 阿哈迈德等：《水资源危机与中东安全》，载《科学决策月刊》，2007年9月，第56页。

（1）水资源引发的冲突主要是在对现有资源的控制方面。各国间签订协议应当能帮助解决水资源问题，确定各国应占有的水资源比例。

（2）若要解决该地区的水资源问题，就要明确各国在水资源问题上的权利，公平分配和利用现有水资源，尽量少消耗水资源以满足地区人口的用水需求。

（3）各国有必要就用水问题签订协议，依据国际法规定，调节净水资源的分配。

（4）包括以色列在内的中东各国之间的合作势在必行。只有这样才能合理地解决该地区可用水资源的分配问题。

（5）要建立一个水资源管理组织，对该地区各国间水资源的利用问题进行管理，以及计划和筹备水利项目。

经济上的解决方案包括提高农业灌溉的效率，废水利用和污水回收提高用水效率，应当鼓励国际组织在该地区建立水利工程。

技术上的解决方案包括建造海水淡化厂，从海路向沿海地区运送淡水，建立从地中海或红海到死海的输水管道，用于发电和淡化死海海水，在主要河流上建设水库，增加旱季的蓄水量。

五、全球性水资源危机下的中亚

近年来，气候变暖使中亚各大河中的水量和帕米尔高原的冰川数量锐减，造成中亚地区严重缺水，随着人口增长与社会发展，缺水量还会进一步增大，引发中亚地区的水资源危机。水资源短缺造成的国家间紧张关系直接威胁着中亚地区的安全与稳定。中亚各国之间因争夺与控制水源导致的冲突日益明显，水资源问题已经成为影响中亚地区安全的重要因素。[1]

在中亚，塔吉克斯坦和吉尔吉斯斯坦水资源相对比较丰富，而哈萨克斯坦、土库曼斯坦和乌兹别克斯坦水资源则较为缺乏，由于分配上的不均

---

[1] 冯坏信：《水资源与中亚地区安全》，载《俄罗斯中亚东欧研究》，2004年第4期，第63页。

等，加之中亚各国在用水问题上各自为政、相互猜忌，导致了各国不协调的水需要，使水资源难以均衡有效地在中亚各国物尽其用。此外，农业用水效益差，水资源浪费严重，加剧了中亚地区的水危机。多年来，中亚水资源遭到严重污染，降低了水资源的利用率。自20世纪60年代以来，由于滥用阿姆河和锡尔河的河水以及大量使用农药与化肥，导致河水严重污染，河流水量锐减，经常发生断流，水质下降。水质变坏可利用水资源的减少，对中亚水资源匮乏起推波助澜作用。中亚各国的主要河流都是国际性河流。其中，阿姆河、锡尔河、卡什卡达里亚河和泽拉夫尚河，都至少有两个国家共享。阿富汗与塔吉克斯坦和土库曼斯坦共用阿姆河。近年来，随着阿富汗的重建，也需要从阿姆河的主要支流——喷赤河抽取河水，使阿姆河水系的供水压力进一步加剧。

中亚各国在1992年签署的《阿拉木图协议》的框架内，就合理利用水资源达成了一些共识，即各国维持其在苏联时期的水分配，禁止修建违背其他国家意愿的水利工程，并承诺就水资源利用问题进行公开的信息交流。中亚国家成立了一些相关组织，签署了一系列共同协议。2002年6月7日，在上海合作组织圣彼得堡峰会上所签署的《上海合作组织宪章》中，又把利用地区水资源作为各国合作的一个方向。需要指出，资金短缺问题阻碍着各国的合作行动，中亚国家在水资源的协调利用方面并没有取得多少进展，与水资源有关的冲突仍很明显。可以说水资源争夺，恶化了中亚国家之间的关系，水资源争端愈演愈烈。争端存在于哈萨克斯坦与吉尔吉斯斯坦之间、存在于吉尔吉斯斯坦和乌兹别克斯坦之间，存在于塔吉克斯坦和乌兹别克斯坦之间，存在于乌兹别克斯坦和哈萨克斯坦之间。

六、全球性水资源危机下的南亚

水资源短缺、水资源争夺造成的国家间紧张关系一直威胁着南亚地区的安全与稳定。西方学者预言，亚洲最易发生"水战争"的地区是南亚，甚至预测印度是最有可能首先诉诸武力解决问题的国家。印度水资源丰富，但人口众多，人均可用水量低。随着经济的飞速发展，印度国内用水需求量不断攀升，预计到2050年这种需求量将翻倍。此外，印度的水资源污染也较为严重，恒河已被列入世界污染最为严重的河流。

由于自然水资源缺乏和人口增长，巴基斯坦已成为南亚地区水资源短缺压力最大的国家。巴基斯坦所有的农业、工业和国内生活用水基本依赖印度河水域，居民大部分生活在印度河及其支流附近。随着人口快速增长，巴基斯坦人均可用水量正逐年减少，估计2025年巴基斯坦的人口将达到2.21亿，完全进入"水资源奇缺"国家的行列。

孟加拉国水资源较为丰富，河流淡水资源总量排名世界第三，但流经孟加拉国的237条河流中有57条属于跨境河流，上游源头国家的任何干涉都将严重影响该国的水资源来源。另外，由于孟加拉国地处平坦的三角洲，水资源储蓄能力不足，时常导致该国季节性水资源短缺。孟加拉国的人口增长迅速，人均缺水问题已经给孟加拉国产生巨大压力。

印度和巴基斯坦曾就印度河的用水权发生严重分歧。1960年两国签订《印度河水条约》，确定了两国在印度河流域的用水范围，条约在一定程度上缓解了用水争端，但分歧依然存在。多年来，印巴两国围绕印度的大坝建设和其他截留工程的争端不断。在巴基斯坦看来，印度的水利工程威胁自身安全，因为印度可由此截住河水，不让其流往巴基斯坦。近来，巴基斯坦政府还公开指责印度偷水，要求国际机构对此事件予以仲裁。

印度与孟加拉国两国水资源矛盾集中在恒河水分配问题上。1996年，印度和孟加拉国签署了《关于分享在法拉卡的恒河水条约》，双方对水的分配总量达成一致，但是矛盾依然存在。近年来，印度提出"内河联网工程"计划，该计划实际上是拦截从印度流入孟加拉的大小54条国际河流河水，输往印度缺水地区，这无疑将影响孟加拉国人的生存和生态环境。为此，孟加拉国认为印度河流联网的想法十分危险，会危及孟加拉国全境，引起灾难。2005年，印度安全部队企图在邻近孟加拉国的阿考拉地区没收孟加拉国农民的取水灌溉设备，遭到孟方步枪队的阻拦，双方发生激烈武装冲突。另外，恒河水污染问题也激起了印孟两国的矛盾。在上游的印度境内，有114座城市排向恒河的废水没有经过处理，严重污染了恒河中下游水体，对此孟加拉国向印度提出抗议。

印度和尼泊尔在历史上签订了多个条约，如1954年的《柯西条约》、1959年的《甘达克条约》。这些条约基本上倾向印度利益，尼泊尔国人有些不满。1996年两国签署了《马哈卡利河条约》，但双方对条约的理解存在分歧，加上印度单方面在马哈卡利河修建卡纳克布尔拦河大坝，两国水资源争端愈演愈烈。此外，两国在水电资源开发利用方面也存在不少分歧。[1]

---

[1] 刘思伟：《水资源与南亚地区安全》，载《南亚研究》2010年第2期，第6页。

第二章　水资源安全的战略保障

　　面对严峻的水资源形势，各国政府和有关国际组织有必要从战略高度，出台确保水资源安全的战略规划和行动计划等政策，采取措施，维护水资源安全。在我国，党中央国务院给予高度重视，指出水资源可持续利用是我国经济社会发展的战略问题，要下大力气解决水资源不足和水污染问题，要搞好江河全流域水资源的合理配置，建立节水型社会，抓紧治理水污染源，改革水管理体制，建立合理的水价形成机制，需要在实践中确立我国的水资源安全战略。

第一节　水资源安全战略理论

确立水资源安全战略，首先要从理论上明确水资源安全战略的概念、战略构成要素、战略特征、既有的战略模式及战略措施。其次，结合我国经济发展状况和我国国情，制定社会普遍认可的水资源安全保障战略。

一、水资源安全战略的概念

一般来讲，水资源安全战略是针对某一特定区域、特定历史时期及其所面临的水安全危机问题和水功能开发利用需要，以实现区域经济社会的全面协调可持续发展和自然生态环境的持续良性循环发展为目标，依据其所处的区域经济和社会发展背景、自然地理和生态环境条件、科学技术和生产力发展水平以及区域态势，遵循水特有的规律属性以及经济社会发展的规律，考虑利害两方面，发挥主观能动性，以系统全局、持续长远和动态协调的观点，在对水安全危机、水功能开发利用发展态势进行全面分析、判断和预测基础上，通过工程、管理、法律、行政、经济、技术、政治和宣传等方面的具体措施，采取的科学有效的策略和谋划，保障区域水安全，实现水功能可持续开发利用，兴水之利，避水之害。[1]

二、水资源安全战略构成要素

水资源安全战略体系一般由战略方针、战略目标、战略重点、战略步骤和战略措施等基本要素构成，水资源安全战略研究制定是否科学合理。战略实施是否成功有效。是否达到预期目标，关键是战略方针、目标、重点、步骤及其战略措施必须与其特定背景和区域开发目标及其实际有机结

---

[1] 邱德华、董增川:《水战略概念的演绎及其理论应用研究探析》，载《水利水电技术》2004年第9期，第2页。

合，充分体现水战略的宏观全局性、长期稳定性、实践指导性和层次针对性。

水资源安全战略方针也称战略指导思想，是水战略选择必须遵循的根本原则，是指导水战略制定的基本出发点和基本思想，是整个水战略的灵魂，水战略方针是创造性思维的结果，是水战略主体整个战略构想和创意的高度概括，对于整个水战略的制定和实施具有统帅作用，因此，水战略方针是水战略中具有原则性、纲领性和方向性的要素。

水资源安全战略目标是战略主体在某一时期预期要实现的基本任务和要达到的总体要求，通常用一定指标体系来反映，水战略目标是整个水战略的核心，战略重点、措施和步骤都是围绕和根据水战略目标制定的，水战略目标及其标准又是衡量和评价水战略的重要依据，科学合理地确定水战略目标是制定水战略中最为重要的一个问题。

水资源安全战略重点是指对实现水战略目标具有决定性意义的重点领域、重点措施或重点项目，水战略重点的实现是战略目标能够实现的关键，战略重点选择是否适当，直接关系到水战略的进展和成败，战略重点决定水战略措施和战略步骤，战略重点不突出，整个战略将失去依据，陷入混乱。同时，要注意战略重点与非重点在一定条件下的转化。在一定时期内，抓住战略重点能起到纲举目张的战略效应，能迅速解除水战略实施中的瓶颈。

应当指出，水资源安全战略的制定还必须将战略目标按阶段由远及近细化，选择每个阶段的目标和重点及其实施途径，这就是要安排好战略步骤。从时序动态来看，一个战略期大约需要经历近期准备、中期推进、远期完善三大步骤。有了战略步骤，水资源安全战略的实施就具有可操作性。

水资源安全战略措施是指为贯彻战略方针、实现战略目标、实施战略重点而采取的各种基本策略、对策、手段和举措，这是整个水战略中具有较大权变性、灵活性、针对性的战略要素。作为战略对策，必须从实际条件出发、针对具体情况找出具有可操作性的着力点，将区域水战略方针与区域发展战略的方针、政策相协调。

三、水资源安全战略特征

一般来说,水资源安全战略具有以下特征:

(一)系统全局性。水战略是从宏观和总体上研究系统全面解决特定区域所面临水问题所应采取的总体方针、政策和措施,它着重强调决策出发点的系统性、总体性和根本性,水战略的全局性亦即整体性和系统性,一方面水战略具有时间连续性,必须观照过去、现在和未来,以及近期、中期和远期水战略目标这个全局;另一方面水战略必须观照各个子系统及要素,包括区情、水问题及其相关方面,因势利导,力争实现系统整体功能的优化。

(二)持续长远性。水战略是面向未来的,针对特定区域当前和未来可能面临的水问题,必须对全局具有长远指导意义,是为了更长远的可持续发展,是长期发展的起步,一方面要求水战略必须考虑未来水问题的变化态势进行预测,并采取有预见性的战略对策;另一方面水战略目标必须保持相对稳定,合理确定水战略实施的步骤。

(三)动态协调性。水战略是针对某一特定区域、特定时期和特定自然环境的,必须与经济、社会发展水平相适应,必须根据所处的发展态势采取不同的水战略,原始经济、农业经济、工业经济和知识经济所面临的水问题,由经济社会发展水平决定其需要和可能采取的水战略,干旱地区的水战略与湿润地区的水战略不同,需要对水问题变化趋势和水战略对策演变有深入和超前的研究和预测。

(四)相对层次性。水战略是研究全局性问题,而全局和局部是相对的,不是绝对的。从全球和国际的角度讲,国家水战略是局部战略,而对于国家所属的省市来讲,国家水战略又是一个全局,因此,有各个层次的水战略划分,有全球、国际、国家级的水战略;也有流域、跨行政区的区域、行政区、城市群、城市、社区团体和企业的水战略;从解决水问题类型上分有综合系统的水战略;也可以分为防洪战略、供水战略、灌溉战略、污水处理战略、水生态保护战略、水土保持战略等。总之，对水战略的结构分析则会彰显出相对层次性。

四、发达国家水资源安全战略

研究分析发达国家水资源安全战略，对我国水资源安全战略的形成与完善具有学习和借鉴意义。

（一）美国区域性水资源安全战略

美国在西部大开发中，采取了水安全战略，其具体战略结构是：

（1）蓄水战略。美国西部蓄水与水能开发战略的实施是通过修建水库和水电站，调蓄洪水和多余的水，用于干旱或枯水期，并结合发电。蓄水安全战略的成功实施，使缺水的美国西部大部分荒漠地区变成了绿洲和优质耕地，保证了常年有效灌溉，产量不断提高，使西部地区成为美国重要的粮食棉花基地和畜牧业基地。

（2）调水与节水战略。美国为解决水资源空间分布不均，实现水资源科学合理配置，实施了城市节水战略和农业节水战略，城市节水主要采取用水阶梯水价激励政策，并在水价中加收污水处理费，农业节水主要采取先进的灌溉技术，如喷灌、滴灌等。

（3）水生态环境保护战略。这是美国西部大开发的关键战略，主要战略对策有自然保护区、污水处理、最低生态环境用水需求保证和水环境综合治理等。

（4）防洪保险战略。1968年提出的防洪保险开始是自愿投保的，效果不佳，1973年联邦政府将《洪水灾害预防法》作为法令强制执行，防洪保险战略才真正得以实施，取得了很好效果，洪水发生时，保险公司对投保人的洪水损失给予赔偿等。

（5）债券融资战略。利用金融证券市场筹集公众资金来解决公用基础设施建设的资金来源问题，是水安全战略成功实施的关键，促进了美国西部水利的超前发展。

（6）系统化水管理战略。该战略的实施主要通过建立一个以法律和政策为依据的、以现代管理尤其是高新技术引导的信息化管理为支持的、以水权及其水价机制为纽带的水工程管理体系和水资源分配体系，实现水资源系统化管理，促进了水利基础设施的科学管理和持续高效利用，有效缓解了城市用水、农业灌溉用水和环境用水的矛盾，提高了利用效率。

（二）英国水资源安全战略

2004～2006年英国发生严重干旱，2007年又发生特大洪水，英国政府深刻认识到水资源管理的重要性，制定了全面而严格的水资源管理方案，加强水资源管理，提高水利用效率。英国环境、食品与农村事务部还制定了《未来的水管理—英格兰政府水资源管理战略》，阐明了政府未来水资源管理策略，主要内容是：

（1）加强需水量管理。在考虑结合地区间生活方式、家庭结构、人口等变化的基础上，对需水量作出准确预报，同时，通过提高水的利用效率，减少水资源的浪费。倡导家庭、社区、工业、农业和水利行业自身都要节约水资源。

（2）加强供水管理。包括修改取水许可制度，编制中长期水资源管理规划等。新的取水许可制度对取水许可的有效期做出了限制，规定取水许可到期后，如果需要继续取水，必须确保开采的水资源得到有效利用，方可发给新的取水许可证。

（3）加强水质的管理。提出新的治理目标，2010年恢复湿地面积的95%，从源头治理进入污水管的污水，减少农业面源污染，保护景观和野生生物栖息地等。

（4）建设可持续排水系统。如绿色屋顶、多孔地面和池塘，以增加对雨水的截蓄和再利用。

（5）加强防洪管理。2007/2008年度再投资6亿英镑，用于防洪，同时环境署制定到本世纪末河口区潮汐洪水风险管理计划，提出可持续的洪水管理与海岸侵蚀风险管理，尤其是城市洪水风险管理方面，涉及战略规划、责任单位的合作以及明确各种洪水风险责任等。

（6）减少水利产业的温室气体排放。减少气候变化引起的极端天气，确保为社会提供优质水源。

（三）德国水资源的可持续发展战略

德国 20 世纪 80 年代中期相继出台了防治水资源污染政策，十分重视水质和水环境保护，对影响水质的各种人类活动制定了严格的限制措施，对如地下水、泉水区以及河流等进行严格的保护，还严格限制污水排放，对其进行监测，以确保水质安全。迄今，德国水资源政策主要有保持水域生态平衡、保证饮用水和使用水的供应、保证污水净化系统的运转、确保其他公益的水资源利用，即在可持续发展的前提下充分利用和保护境内的水资源。德国还与邻国合作，共同保护国际河流水资源，共享水资源。1950 年成立的"保护莱茵河国际委员会"就含德国、法国、荷兰、瑞士和卢森堡。20 世纪 70 年代以来，该委员会针对莱茵河严重的污染状况草拟了三项国际条约，确定了向莱茵河排放污水的标准。德国还和周边国家就奥德河、易北河、马斯河和多瑙河的保护进行合作。德国和邻国共享的海域也得到了国际合作的保护。在确保水资源安全方面，20 世纪 70 年代德国修建了从多瑙河向莱茵河流域调水的南水北调工程，确保北部工业区用水，治理水污染，取得了巨大的社会经济效益和生态效益。德国还建立防洪减灾机制，对江河采取综合治理，洪泛区治理措施明确，涉及水土保持，治理土壤污染，发展生态农业。德国在水资源管理技术方面，重视技术研发创新，政府投入大量研发经费，将雨洪防控技术、供水技术、污水处理技术作为研究重点，依靠技术创新促进水资源可持续利用。德国的雨水利用技术，已成为世界上最为先进的国家之一。德国的污水处理技术达到国际先进水平，为保护水环境，德国规定污染水必须先处理后排放。值得关注的是，德国在应对全球金融危机中，在策略上更加突出"绿色"理念，通过"绿色新政"谋划后危机时代的发展方向，将发展低碳经济和循环经济作为生态文明建设的突破口，自然将水循环和水资源保护纳入国家可持续发展的战略高度。

（四）以色列水资源战略

以色列是世界最贫水的国家之一，以色列政府将水资源的开发、保护、管理和科学使用纳入可持续发展战略。以色列政府将水资源定为国家的战略资源，并从可持续发展的战略高度，把科学用水作为基本国策。政府制定了关于水资源开发和利用的法律、法规，建立了有效的管理体制，对水资源在生产、生活领域中的使用进行合理配置。以色列水资源战略的指导思想是尽可能开发所有可以利用的水源，同时大力推行节水政策。为此，在开源节流方面建立全国输水系统，不仅用于供水，还能在早春和冬季排放过多的雨水，补给沿海地区的地下含水土层，防止因地下水位下降造成海水倒灌。以色列还积极利用海水，海水淡化技术已居世界前列。2020年以海水淡化量将比1998年增加20倍，达到年产淡水2亿吨，占总供水能力的8%。以色列还收集天然雨水和人工降雨，大力开发地下咸水。为避免水资源浪费，政府采取各种措施促进节水，明令禁止在洗车过程中浪费用水，提倡利用循环水洗车等。控制水污染的同时，开发污水再利用技术，推广节水灌溉技术。以色列还实施了北水南调工程，该工程于1953年开工建设，1964年投入运行，它不仅改善了以色列水资源配置状况，还有效缓解了制约南部地区发展的限制因素，改善了生态环境。总的来说，以色列把水资源放在国家安全战略高度来认识，通过立法强化水资源的管理与利用，在水资源的管理与利用领域已先于世界各国。

（五）韩国水资源可持续发展战略

韩国为满足未来水需求的可持续，制定了国家水资源规划。水资源规划强调，保障安全稳定的清洁饮用水和保护人们的生命财产免受洪水和干旱的破坏，倡导合理分配和利用有限的水资源，保护土地和环境，使后代受益。规划的主要内容是：水资源供需评估、水资源利用方案、水资源管理方案、河流环境规划、水资源评价和发展规划等。2011年韩国供水的目标是 20 亿立方米, 为此, 实施了很多促进政策以提高水资源的管理效率。例如, 开发水资源再利用和提高用水效率的技术, 提供需求管理信息, 发展水教育项目, 建立有激励机制的机构体系, 在 2016 年之前通过使用检测系统, 建立需求管理评估系统。韩国于 2000 年制订了 2001 ~ 2025 年《水资源长期总体计划》, 该计划体现了对水环境重要性的认识, 计划中包括河流恢复和有效水处理等内容。过去, 韩国出于供水、防洪、发电等目的而修建水坝, 2000 年以后兴建水坝主要是为了增加供水量, 应对非正常气候, 兼顾防洪。为水坝修建对自然环境的影响尤其是对水坝上下游的影响最小, 韩国制定了一系列的水坝建设标准, 以达到公众要求和信任的环保水平, 并进行了可持续发展评估。近年来, 韩国推行的 "亲近自然" 的河流恢复工程受到国内外瞩目, 其中就包含了生态环境安全建设等内容。2009 年 7 月韩国提出《绿色增长国家战略》, 倡导通过节约和有效利用资源, 应对气候变化, 减少污染, 实现对河流进行科学管理, 实现经济与环境的协调发展。2010 年联合国授予韩国总统李明博 "生物多样性公约奖", 表彰他在首尔市的清溪川复原工程所作的努力。

（六）俄罗斯水资源战略

俄罗斯作为水资源最丰富的国家之一, 长期以来, 仍十分重视水资源的保护。俄罗斯为了实现水资源的可持续管理, 保持水生态安全, 防治水污染和水害, 确立了明确的原则和目标, 采取了一系列的方法措施。2003 年 3 月, 俄罗斯水利部门制定了旨在保证水资源安全和有效使用, 以及使用水不对生态产生破坏作用的可持续性水资源利用政策。俄罗斯联邦政府要求地方政府依据国家水事法律政策的基本原则方针, 具体制订出各个流域 15 ~ 20 年的水管理目标和规划, 并分若干阶段进行实施。

为了保证水资源的合理开发利用, 保护生态环境, 减少用水对生态产生的破坏作用, 制定了可持续水资源的管理方针与战略目标, 主要是:

（1）恢复并保持江、河、湖、库以及地下含水层等水源地的生态安全, 保证水资源的蕴藏量及质量, 积极与危害水源的现象进行斗争。

（2）在保证可持续用水的基础上，为人民群众和经济建设部门提供可靠的优质用水。

（3）保护生活用水和工业生产免受不良水质的危害和影响。

（4）提高人民生活用水和经济建设部门用水的可靠性和安全性，使饮用水和经济建设用水的水质达到所规定的相应标准。

为实现上述战略目标，俄罗斯还预定了 5～10 年的过渡期，作为进入战略行动阶段的准备期。俄罗斯水管理过渡期目标可归纳为：

（1）提高生活和经济建设部门用水的可靠性和安全性，使饮用水和经济建设用水的水质达到所规定的相应标准。[1]

（2）在强行规定用水定额和为河川保留必要的生态用水量的基础上，稳定自然水源的数量和质量状况。

（3）通过各种方法减少水的污染。[2]

（七）新加坡水资源战略

新加坡是极度缺水的国家，水资源问题不仅极大地限制了新加坡国家的发展，同时也威胁着国家安全。为此，新加坡政府制定了符合长远需求的全面的水资源可持续发展战略，不仅化解了缺水带来的不利因素，还把水源危机变成了水经济，从水资源严重短缺国逐渐成为水务技术输出国和水资源管理强国。新加坡主要通过以下三大规划来实现水战略：

（1）2006 年，新加坡推出"ABC"全民共享水源计划，主要目标是营造"活跃、优美、清洁"的水环境。计划包括未来 10～15 年的 100 多项改造项目，其中 2012 年以前将首先实现 20 项，并有设计指南、培训、奖励等政策措施给予支撑。

（2）为确保水资源对国家社会经济发展计划的支撑，新加坡提出了收集本地雨水洪水、从马来西亚购水，新生水和淡化海水四大水源的长期供水规划。主要目标是改变现状，即改变主要依靠雨水和从马来西亚购水的

[1] 李蓉：《俄罗斯水资源的保护、开发利用及其立法探微》，载《黑龙江社会科学》，2007年第4期，第41页。
[2] 张所续、罗小民：《俄罗斯水资源管理》，载《走出国门》。2008年第4期，第54页。

被动局面，实现水资源的多元化，赢得水源的主动权，完全实现淡水自给自足，实现供水成本的不断下降。

（3）新加坡高度重视需水管理，推出节约用水规划，具体措施是家庭节水挑战计划、商业节水挑战计划、水配件节水产品解决方案和节水激励机制。号召居民每天节水 10 升，采取有效措施管理自来水的传输和分配系统，最大限度地减少去向不明的水。[1] 新加坡在节水、开发水、用水等方面取得的成功，吸引了全世界的目光，堪称楷模国家，其水资源开发与管理模式两次获得国际肯定，2006 年获得由国际水务资讯局颁发的"年度最佳水务管理机构奖"，2007 年荣获"斯德哥尔摩工业水资源奖"。

五、水安全战略措施

从主要发达国家水资源安全战略来看，因水资源安全战略涉及人口、资源、社会、经济、文化、科技、生态、环境等各类问题，为此，水安全战略的运用将给水资源安全治理措施带来三方面战略性的改变，这些转变值得许多发展中国家借鉴。

首先是系统化战略。当今，水资源安全战略的思路发生了新的转变，从单一的水战略对策转向系统综合的水战略对策研究，水战略措施手段也从单纯的工程措施向全局性的、工程与非工程措施相结合方向转化，由单纯工程措施控制向区域工程管理措施方向转化。系统化在国内水资源管理中也得到应用。

其次是风险化战略。风险化战略决策的考虑是水安全战略的另一趋势。风险化战略决策就是要建立风险管理的理念，综合运用洪水保险、滞洪区运用、水价激励、水权制度、节水、虚拟水等措施，推动防灾减灾和水供需调配的风险化决策。

---

[1] 廖日红、陈铁、张彤：《新加坡水资源可持续开发利用对策分析与思考》，载《水利发展研究》，2011年第2期，第90页。

最后是区域一体化管理战略。由于区域自然因素之间、自然和社会因素之间的相互作用具有空间展延性和时间的推移性，区域内某一因素的变化可以引起区域其他因素的相应变化，从而影响区域水资源的可持续开发利用；同时，区域内的水安全影响因子之间也存在着密切的关系，区域内任何一种水资源管理决策必将引起水文过程的变化。因此，从系统的观点，重视系统协调的区域一体化管理战略及实践成为区域水安全战略思想的一大趋势。

第二节　我国水资源安全战略

进入新千年后，我国已充分认识到确立水资源安全战略的必要性。可以说，从理论研究论证为我国水资源安全战略的形成奠定了思想基础。我国的水资源短缺、洪涝灾害、水环境恶化等现实问题逼迫我们要从长期的战略视角予以应对。

一、我国水资源安全战略的形成

2002 年，我国提出了水资源总体战略，主要内容是：必须以水资源的可持续利用支持我国社会经济的可持续发展，提出了人与洪水协调共处的防洪减灾战略；以建设节水高效的现代灌溉农业和现代旱地农业为目标的农业用水战略；节流优先、治污为本、多渠道开源的城市水资源可持续利用战略；以源头控制为主的综合防污减灾战略；保证生态环境用水的水资源配置战略；以需水管理为基础的水资源供需平衡战略；解决北方水资源短缺的南水北调战略；以生态环境建设相协调的西部地区水资源开发利用战略八大水战略措施。这些措施是针对我国主要水安全问题进行的系统综合研究，是我国水资源安全战略研究的里程碑。

真正搞好水资源战略规划和管理，首先是要明确水资源战略规划的法律地位。2002年我国实施的修订后的《中华人民共和国水法》增加了《国家制定水资源战略规划》的规定，明确了水资源战略规划的法律地位，这就为制定水资源战略规划提供了法律保障。其次是要充分认识水资源战略规划的重要性。水资源战略规划是水利建设和水利工作的基础，是水资源可持续利用的前提。中国政府历来十分重视水资源战略规划。根据水资源新情况、新问题，按照新思路、新要求，水利部制定了全国水资源综合规划，作为今后一定时期水资源开发利用和管理活动的重要依据和准则。再次是要充分认识水资源战略规划对水资源管理决策的支撑作用。水资源战略规划不仅要对水资源开发利用、优化配置及其相关的工程布局提出方案，而且要对水资源的管理提出要求。因此，水资源战略规划是水资源开发利用和管理工作的重要依据和准则，是法规性文件。只有依据系统、全面、符合水资源自身规律和开发利用实际情况的水资源战略规划，才能作出高水平的水资源管理决策。最后是水资源战略规划和管理需要先进的规划和管理理论、技术和方法来支撑。中国正在实施由传统水利向现代水利、可持续发展水利的转变，推进以信息化为特征的水利现代化，一些过去的理论方法已不能满足当今水资源战略规划与管理的需要。水资源战略规划和管理要有鲜明的时代特征，因此必须学习和实践世界水资源规划和管理最新的理论，借鉴国外的先进经验。

二、我国水资源战略规划的出台

2010年11月国务院批复了《全国水资源综合规划》（以下简称《规划》）。《规划》的战略目标为：用20年左右的时间，逐步完善城乡水资源合理配置和高效利用体系，农村饮水安全问题全面解决，城镇供水安全得到可靠保障，节水水平逐步接近或达到世界先进水平，用水总量保持微增长，抗御干旱能力明显增强，最严格的水资源管理制度基本完善；逐步建立水资源保护和河湖生态健康保障体系，江河湖泊水污染有效控制，河流的生态用水基本保障，地下水超采得到有效治理，重点地区水环境状况明显改善。到 2020 年，全国用水总量力争控制在 6700 亿立方米以内；万元国内生产总值用水量、万元工业增加值用水量分别降低到 120 立方米、65 立方米，均比 2008 年降低 50% 左右；农田灌溉水有效利用系数提高到 0.55；城市供水水源地水质基本达标 80%。通过实施规划，到 2030 年，全国用水总量力争控制在 7000 亿立方米以内；万元国内生产总值用水量、万元工业增加值用水量分别降低到 70 立方米、40 立方米，均比 2020 年降低 40% 左右；农田灌溉水有效利用系数提高到 0.6；江河湖库水功能区水质基本达标。

《规划》的总体思路是：贯彻落实科学发展观，围绕全面建设小康社会的宏伟目标，贯彻建设资源节约型、环境友好型社会和构建社会主义和谐社会的战略部署，按照可持续发展治水思路和民生水利的要求，紧密结合各流域、各区域经济社会发展实际和水资源条件，坚持以人为本、人水和谐、节约保护、统筹兼顾、综合管理的原则，正确处理经济社会发展、水资源开发利用和生态环境保护的关系，通过全面建设节水型社会、合理配置和有效保护水资源、实行最严格的水资源管理制度，保障饮水安全、供水安全和生态安全，为经济社会可持续发展提供重要支撑。

《规划》的主要内容包括八个方面：一是水资源及其开发利用现状；二是规划目标与任务；三是水资源供需分析；四是水资源配置；五是水资源可持续利用对策；六是水资源管理制度建设；七是实施效果与环境影响评价；八是保障措施。

《规划》从保障国家可持续发展的战略高度出发，重点提出了六个重大战略问题：一是全面调查和科学评价了我国水资源及其开发利用与水生态环境状况和演变规律，系统分析了我国水资源承载能力和水环境承载能力；二是在充分考虑不同地区水资源条件、利用水平、未来经济社会发展和技术进步等因素的基础上，科学提出我国今后一个时期水资源可持续利用的战略目标、总体思路和主要任务；三是研究制定了全国、流域和区域水资源总体配置格局及开发利用与节约保护的控制性指标；四是研究论证了重大水资源配置工程总体布局，提出了有利于水资源合理配置的管理措施；五是从促进我国水资源可持续利用的战略高度出发，制定了节约高效利用水资源，保护水生态环境及保障饮水安全、供水安全、粮食安全和生态安全的对策；六是提出了实行最严格的水资源管理制度的措施。

《规划》的主要任务是：严格控制用水总量，抑制对水资源的过度消耗；严格用水定额管理，提高用水效率和效益；加强水生态环境保护，逐步恢复河湖生态功能；合理调配水资源，提高区域水资源承载能力；完善供水安全保障体系，提升水资源对经济社会发展的保障能力；逐步完善现代水资源管理体系，全面提升水资源管理能力。

国务院批复中明确指出，规划实施要按照建设资源节约型、环境友好型社会的要求，坚持以人为本、人水和谐、节约保护、统筹兼顾、综合管理的原则，正确处理经济社会发展、水资源开发利用和生态环境保护的关系，通过全面建设节水型社会、合理配置和有效保护水资源、实行最严格的水资源管理制度，保障饮水安全、供水安全和生态安全，为经济社会可持续发展提供重要支撑。

国务院要求，要全面推进节水型社会建设，把节水工作贯穿于国民经济发展和群众生产生活的全过程，采取工程、技术、法律、行政、经济等多种手段强化节水，切实转变用水方式，不断提高水资源利用效率和效益。大力发展农业节水，加强灌区节水改造和田间高效节水灌溉，提高农业节水水平；积极推进工业节水技术改造，合理调整经济布局和产业结构，提高工业用水循环利用率；加强城乡生活节水，强化公共用水管理，提高公众节水意识，大力推广节水器具，加大污水处理回用力度。

此外，要逐步构建国家水资源调配体系，加快南水北调东、中线一期工程及配套工程建设，适时开展西线工程前期研究；在保护生态环境和充分论证的前提下，适当建设一些区域性水资源调配工程和必要的水库工程；完善水资源调度体系，加强水库优化调度和梯级水库水资源联合调度，重视生态用水调度；合理配置水资源，提高对重点区域、城市和粮食主产区的供水保障能力。要实行最严格的水资源管理制度，按照规划提出的用水总量、用水效率、水功能区限制纳污能力等要求，强化用水需求管理，建立监测、评估和考核机制，加强监督检查。

《规划》是依据《中华人民共和国水法》确定的国家水资源战略规划，规划成果是我国长期治水实践经验的科学总结，是可持续发展治水思路的集中体现，是我国水资源开发、利用、配置、节约、保护与管理及水害防治工作的重要依据。《规划》的实施将全面提升我国水资源可持续利用能力和对经济社会发展和生态环境保护的支撑与保障能力，不合理水资源开发利用方式将得到有效转变，水资源利用效率和效益将显著提高，水生态环境状况将得到显著改善，应对气候变化与突发事件的能力将显著增强。《规划》必将对我国水资源工作产生重大而深远的影响，对水资源可持续利用和经济社会可持续发展起到重要的促进作用。

三、我国水资源安全战略的保障措施

《规划》从节约用水、水资源保护、水生态保护与修复、水资源开发利用等方面，全面提出了水资源可持续利用的对策与措施。特别是针对粮食安全、城乡饮水安全、城市供水安全以及长三角、珠三角、环渤海等国家重点经济区和能源基地供水安全等关系国计民生的重大战略问题，研究提出了相应的水资源保障措施。

一是全面建设节水型社会。建设节水型社会是解决我国水资源短缺、实现水资源可持续利用的根本性措施，也是最为现实、最为可行的战略性选择。农业方面，通过综合运用灌区节水改造、田间高效节水等工程措施和种植结构调整等非工程节水措施，提高农业综合节水能力；工业方面，重点推进高耗水行业节水技术改造，合理调整经济布局和产业结构，推广循环用水，提高工业用水效率；城乡生活方面，通过强化公共用水管理、

合理调整水价、推广城市建筑节水技术、加强城镇污水集中处理与再生水回用等措施促进节水。到 2030 年，通过采取工程、技术、法律、行政、经济等综合节水措施，全国可形成年均 800 亿立方米的节水量，既缓解水资源供需矛盾，又促进节水减排。

二是逐步构建国家水资源配置工程格局。在全面节水的基础上，按照"三先三后"原则，加快南水北调东、中线一期工程及配套工程建设，适时开展南水北调西线工程前期工作，逐步构建全国水资源宏观配置格局，有效解决北方地区缺水问题。在保护生态环境和充分论证的前提下，适当建设一些区域性水资源调配工程和必要的水库工程，尤其是加强西南地区重点骨干水源工程和小型农村水利设施建设，提高供水保障能力和抗旱蓄水能力。在综合考虑区域水资源条件、河流水系分布、工程布局特点、生态环境影响等基础上，因地制宜研究实施江河湖库水网连通，发挥河湖水系水资源调配功能。加强水资源科学调度，逐步完善水资源调度体系，加强水库优化调度及梯级水库群水资源综合调度，统筹外调水和当地水、地表水和地下水，重视生态调度，合理高效配置水资源。

三是加强水资源保护和河湖生态修复。保护水资源和修复水环境是实现水资源可持续利用的长期性任务。《规划》通过划定各流域、区域水资源开发利用上限、采取强化节水措施、控制用水需求过快增长、进一步对现有水源挖潜配套和适度开发新水源、合理调配水资源等措施，满足经济社会可持续发展、生态安全对水资源的总体需求，保证水资源开发利用总体上控制在水资源承载能力之下，为国家生态文明建设提供坚实基础。为维护河湖基本功能，全国河道内基本生态环境需水量为 8674 亿立方米；规划期内通过水源置换等措施压减地下水开采量约 250 亿立方米，基本实现地下水采补平衡；通过水资源合理调配，增加河道外生态环境建设用水，达到 296 亿立方米，比现状增加 72%。

四是加强重点领域和地区水资源安全保障。针对关系国计民生的重大战略问题，规划研究提出了水资源保障对策与措施。保障饮水安全方面，到"十二五"期间解决农村饮水安全问题；到2020年，有效改善我国城镇饮水安全状况，基本解决现状约1亿人和新增约2亿人城镇饮用水安全问题。保障粮食安全方面，在大力提高农业用水效率的基础上，通过水资源合理配置，2030年农田灌溉供水量维持在3500亿~3800亿立方米，改善农业灌溉条件，提高农业灌溉保证率。保障城市供水安全方面，大力加强城市节水，合理调配区域水资源，加强城市供水水源和备用水源建设，提高城市供水应急能力。保障重点区域供水安全方面，通过采取全面强化节水，着力提高水源调蓄能力，实施必要的跨流域调水，加大污水处理回用、海水利用力度等多种措施，保障长三角、珠三角、环渤海等国家重点经济区和能源基地供水安全。

四、我国出台地下水污染防治规划

地下水是我国生活、工业、农业用水的重要水源，但由于地表水的污染加剧，地下水的水质也在日益恶化。目前，我国地下水开采总量已占总供水量的18%，北方地区65%的生活用水、50%的工业用水和33%的农业灌溉用水来自地下水。全国657个城市中，有400多个以地下水为饮用水源。环保部数据显示，我国90%城市地下水不同程度遭受有机和无机有毒有害污染物的污染。2011年8月24日国务院常务会议通过了《全国地下水污染防治规划》。提出到2015年，要初步控制地下水污染源，初步遏制地下水水质恶化趋势，全面建立地下水环境监管体系；到2020年对典型地下水污染源实现全面监控，重要地下水饮水水源水质安全得到基本保障，重点地区地下水水质明显改善，地下水环境监管能力全面提高，建成地下水污染防治体系。

规划提出以下措施：抓紧开展地下水污染状况调查和评估，划定地下水污染治理区、防控区和一般保护区；严格地下水饮用水水源保护与环境执法，依法取缔饮用水水源保护区内的违法建设项目和排污口，限期治理地下水污染隐患；严格控制影响地下水的城镇污染，推进管网系统改造，提高城镇生活污水处理率和回用率，加强垃圾填埋场建设和治理；加强重点工业行业地下水环境监管，防范石油化工行业和地下工程设施、地下勘探、采矿活动污染地下水，控制工业危险废物对地下水的影响；分类控制农业面源对地下水的污染，逐步减少使用化肥和农药，在水源保护区内实施退耕还林还草；有计划地加快推进地下水污染修复，在地下水污染突出区域进行修复试点，开展海水入侵综合防治示范，切断废弃钻井、矿井等污染途径等。

2011 年 10 月 28 日，环保部、国土资源部与水利部决定，未来将安排了地下水污染调查、地下水饮用水水源污染防治示范、典型场地地下水污染预防示范、地下水污染修复示范、农业面源污染防治示范、地下水环境监管能力建设等 6 类项目，总投资 346.6 亿元。

五、水资源安全战略的推行

在推行水资源安全战略方面，我国应重视解决以下十个方面的问题：

（一）控制人口数量。水资源是有限的，如果人口无节制增长，水资源的需求量就会不断增加，那么供需矛盾将进一步加剧。

（二）调整产业结构。通过协调水资源与经济社会发展之间的关系，积极调整生产力布局和产业结构，建立与区域水资源承载能力相适应的经济结构体系和产业布局。尽可能减少高耗水企业的比重，在干旱缺水地区减少水稻等耗水量大的作物面积。

（三）建设节水型社会。通过加快节水型社会建设，提高水资源的利用效率和效益，可起到节约水资源、抑制需水过快增长、提高水资源承载能力的作用。可将需水量控制在水资源可能的供给限度内。

（四）控制水污染态势。保护和改善生态环境是保障水资源安全的重要基础。数据显示，2009 年年底我国的污水处理率仅为 73%，2011 年的目标是达到80%，即使达到目标，仍然与发达国家90%的污水处理率存在较大差距。"十一五"期间，我国污水处理率大幅提升，2010年城市污水处理率达到77.40%。《十二五规划纲要》中提出了城市污水处理率达到85%的总体目标，预计未来五年污水处理设施建设将持续高速发展，处理技术将不断更新换代，工业和城镇生活污水的治理总投资有望提升。

（五）利用非传统水资源。非传统水资源包括海水与苦咸水、再生水、矿井水、雨洪水等。我国具有海水淡化和海水直接利用的有利条件。我国北方咸淡水混合利用方面，也有一定的潜力。更重要的是，污水资源化，既可增加水源、解决缺水问题，又可改善生态环境。另外，做好雨水、洪水的集蓄和储存，也是增加水资源供给量的有效途径。

（六）加快供水工程建设。根据我国未来发展的需水要求，应加快供水工程建设，提高供水保证率。通过对现有工程的完善配套和更新改造，提高工程的供水效率，充分发挥水资源开发利用的效益，是非常必要的，也是切实可行的。

（七）加快开发国际河流。将国际河流水资源加以利用，符合我国的长远和战略利益。我国的国际河流流域面积约占国土面积的三分之一，每年出境水量约有7320亿立方米，占全国总天然径流量的27%。西南国际河流多年平均径流深689.7毫米，年径流量为5853亿立方米，占全国水资源总量的21.3%。所以，应该重点加快西南国际河流水资源的开发。

（八）加强供水应急预案的研究。目前，可以预见或不可以预见的水灾害有超标准洪水、突发性水污染、山地灾害、工程性灾害等，应根据不同河流的具体情况，分别制定预警预防措施。应强调的是，必须保障人民群众的生活用水安全。

（九）增加高耗水产品进口，改变人们的饮食习惯。从节约用水的角度看，可从国外适当进口粮食以减少国内水资源利用。改变饮酒习惯，减少白酒、啤酒的消耗，增加果酒的生产量。这样可望减少对于粮食的需求，从而减少农业用水。

（十）实现水资源的统一管理。按照经济规律进行新水源的开发，根据供水成本合理地制定各行业的水价。改革水资源管理机制，以流域管理与区域管理相结合、水资源权属与开发利用权属相分开为原则，实现包括城市与农村、水量与水质、地表水与地下水、供水与需水在内的水资源统一管理，加强水资源立法和流域规划工作等。[1]

---

[1] 李现社等：《中国水资源安全战略研究》，载《人民黄河》2008年5月第30卷第5期，第3页。

第三章　水资源安全的体制保障

　　体制是保障安全的重要力量。长久以来，许多发达国家为应对严峻的水资源安全形势，建立、完善水资源管理体制，动员行政力量和市场力量，确保水资源安全。相比之下，我国水资源安全体制还没有充分形成，成为水资源安全形势恶化的重要因素。现有的水资源管理体制虽具有确保水资源安全色彩，但也存在不少问题，需要通过不断的完善，向体制保障水安全的目标接近。

第一节　水资源安全体制的确立与调整

过去，受意识形态以及计划和市场的不同影响，不同国家确立了相应的水资源安全管理体制，取得的效果不尽相同。进入新千年以来，在全球化和市场化的影响下，为应对日益严峻的水危机形势，许多国家对水资源管理体制作出调整，确立了水资源安全目标和战略措施。

一、水资源体制的确立

水资源体制是为实现水资源有效配置而确立的一系列基础制度、运行机制和价值规范。简单地说，水资源体制是一国为实现水资源的有效管理而成立的行政机构，秉持维护环境公平、环境正义、环境效率等价值理念，在市场制度运行的基础上，通过对激励和调节方式的选择，形成水资源安全维护主体与客体的有机联结，形成一定的作用关系，发挥出预期的安全功效。总的来说，体制具有引导、促进、规制、保障作用。理论上，水资源安全体制具有稳定性，是保障水资源能有效运用的制度框架。当然，水资源安全体制在具体运行上呈现多样性特征，即美国有美国特色的体制，日本有日本特色的体制，中国有中国特色的体制，一个国家不同历史时期也呈现不同的体制特征。

例如，日本在1971年成立了环境厅，下设长官官房与企划调整、自然环境、大气污染、水质保全四个局，这时的体制特征是不到现场的协调官厅。[1]2001年在行政大改革中，多数省厅被缩编或被合并，只有环境厅升格为环境省，扩大组织机构的同时，环境行政权限也得到扩大。其中的水大气环境局为防止水质污染，保护再生良好的水环境，积极致力于国民健康保护和生活环境的保全，自然环境局也积极致力于维持、恢复健全生

---

[1] 范纯：《法律视野下的日本式经济体制》，法律出版社，2006年10月，第290页。

态系统，确保自然与人类共生。这时的体制特征已凸显出人类中心主义向生态中心主义的转变。

二、主要发达国家的水资源安全体制调整

（一）英国较为典型，推行以流域为基础的水资源统一管理，实行中央对水资源的按流域统一管理与水务私有化相结合的管理体制。2001 年，英国成立了环境、食品和农村事务部（Department for Environment, Food and Rural Affairs: Defra），负责水资源政策的方方面面，如水资源供给政策、对水环境与相关产业的规制政策、饮用水安全政策、河流湖泊海洋水质安全政策、下水道管理政策等。这些政策由三个部门执行，环境署（Environment Agency）负责水资源管理和水质基准的遵守等环境规制业务，DWI（Drinking Water Inspectorate）负责饮用水的水质监督管理，Ofwat（Water Services Regulation Authority）负责承担水资源的经济规制业务。此外，作为消费者利益的代表，还设置了水消费者协会（Consumer Council for Water）。1989 年，英国对上下水道事业实行民营化，Ofwat 就是那时设立的，通过设定水道费用上限、审批事业许可、业务监督等手段，对水事业公司进行规制。环境署对英格兰和威尔士的 11 条河流基于欧盟的水框架指令，2009 年制订了河流流域管理计划，提出到 2015 年前将河流水质恢复到生态学意义上的健全状态。Defra 基于水供给可持续性的危机感，2008 年制定了《未来之水》的国家战略，提出了通过技术革新和水费制度改革，到 2030 年将现行的每人每天的水使用量削减 20% 的目标。该战略内容还涉及水需求管理、地表水与洪水管理、水质污染对策、削减温室气体排放、通过 Ofwat 对水产业的规制改革等。审视英国应对水危机的体制安排与运转，很多做法值得我国学习和借鉴。

（二）法国水资源丰富，高度重视水资源管理，建立了比较完善的水资源管理体制。我国学者总结为四个特点：

（1）科学化。法国水资源管理体制是多层级、多流域的综合管理体制。从纵向上看，包括国家级、流域级、地区级和地方级四个层面。在国家层级上，国土规划与环境保护部是负责水务和环境管理，制定全国水资源法规政策，审核流域机构的水政策，参与流域水资源规划的制定，监督各流域机构等；在流域一级上，建立流域委员会和流域水资源管理局，负责本流域内水资源的统一规划和统一管理。其中，流域委员会是流域水务问题的立法和咨询机构，流域水资源管理局是一个技术和水融资的机构，职能是制定流域水政策和水资源开发利用的总体规划，依法征收水资源费、排污费和用水费，收集和发布各种水信息，提供技术咨询和服务；在地区级上，针对支流流域，成立地方水委员会，负责起草、修正支流流域水资源的开发与管理方案，确定详细的水资源使用目标，并监督执行；在地方级，法国本土 36560 个市镇，有三分之二的市镇成立联合会，对供水和污水处理事务进行具体管理。从横向上看，法国 1964 年颁布的《水法》就把全国分成六大流域区，以流域为单元，对水资源的水量、水质、水工程和水处理进行综合管理，确保了水资源的合理配置和充分利用。

（2）法制化。法国以法律规范水事行为和水资源管理，早在 1919 年 10 月，法国就颁布了《水法》，1964 年修订，目前采用的是 1992 年 1 月颁布的《水法》。《水法》对国家、流域、地方政府、用户及水公司等所从事的所有水资源规划、水资源开发利用、污水处理及水资源保护等一切水事活动均有详细规定。《水法》明确规定，对水资源必须进行综合管理，必须以流域为单位进行管理，流域水资源开发管理规划必须由流域委员会来制定，必须听取地方当局和用户代表的意见，开发管理规划一经批准，既成为规范各地方政府从事水资源开发利用保护的重要的水政策和纲领性文件。

（3）民主化。协商对话是法国水资源管理的主要原则。《水法》明确规定了水资源管理决策的原则是"水的政策实施成功要求各层次有关用户共同协商和积极参与"。根据该原则，法国在各个层级的管理过程中都采取协商对话方式。如在流域一级，流域委员会中就有用户代表、专家代表、社团代表、不同行政区的地方官员代表和中央政府部门代表。

（4）市场化。法国水资源管理的市场化程度较高，水务公司分为公营和私营两种。对公营水务公司，政府一般通过计划合同的方式进行监管。对私营水务公司，政府则采取出租合同和特许合同两种方法进行监管。根据出租合同，地方政府承担水工程的建设或扩建所需费用，经营者只承担资产的运营管理费和风险费用，不承担固定资产的投资，不参与水价的制定，租让合同期限一般为 5～20 年。根据特许合同，经营者不仅负责资产的运营和管理，还要承担固定资产的再投入，参与制定水价，特许合同期限一般为 20～50 年。[1]

（三）以色列为建设节水型社会，实现对水资源的可持续管理，开始采用水资源综合管理体制。2006 年以前，以色列水资源管理体制呈现多龙治水格局，水资源管理权限分布于政府各个职能部门。其中，基础设施部负责水资源总体管理，农业部负责农业用水分配和定价，环境保护部负责水质量标准控制，卫生部负责饮用水质量管理，财政部负责水资源定价和水利投资，内政部负责城市用水。2006 年，以色列推行改革，将分散在各个职能部门的水资源管理权限统一集中到新组建的"水和污水资源管理委员会"，统筹管理全国的水资源和水循环工作。同时，成立由社会各界代表组建的水资源理事会，作为水政策的咨询机构。2007 年"水和污水资源管理委员会"出台了更为严格的污水处理标准，确保水资源安全，可以说，体制的变动提高了水资源管理效率，减少了部门间相互扯皮的现象。

在日益严峻的水危机形势下，多数国家的水资源管理体制采取了流域管理体制和综合管理体制相结合的做法，有些国家在原有体制基础上，组建新的机构，将水资源管理权集中，统一应对水资源危机。

---

[1] 许伟：《法国的水资源管理和水价监管》，载《粤港澳市场与价格》2007年第12期，第30页。

三、我国水资源管理体制的确立

受过去的计划体制影响，我国是水资源流域管理与行政区域管理相结合的行政管理体制。国务院是最高国家行政机关，统一领导国务院各个环境监督管理部门和全国地方各级人民政府的工作，根据宪法和法律制定流域水资源行政法规，以及流域水环境管理的规划、指标和项目建设。县级以上政府，依照法律规定以及国务院规定的职责和权限，管理本行政区域内的流域水资源保护工作，领导所属各有关行政部门和下级人民政府的流域水资源管理工作。国务院水行政主管部门负责全国水资源的统一监管工作，在国家确定的重要江河和湖泊设立流域管理机构，在其所管辖的范围内行使法律规定的和国务院水行政主管部门授予的水资源管理和监督职权。

我国以中央集权和地方分权、流域区划管理和行政区划管理相结合、统一监管与分工负责的水资源行政管理模式中，以区域管理为主，流域管理为辅，水资源的开发利用和管理职能主要由地方负责。流域机构作为水利部的派出机构，依据国家授权在流域内行使水行政主管职责，主要是统一管理流域水资源，负责流域的综合治理，开发具有控制性的重要水工程，组织进行水资源调查评价和编制流域规划，实施取水许可制度，协调省际用水关系等。流域管理与区域管理二者相互协调、相互补充、相互配合、相互支持，共同管理水资源，实现水资源的统一管理和有效管理。

四、我国水资源行政管理

我国水资源行政管理机构主要包括水利部、环保部、地方人民政府、流域管理委员会、流域水资源保护局、建设部、农业部、林业部、卫生部、国家发展改革委员会等机构。水利部为我国水行政主管部门，负责水资源统一管理与保护等有关工作，协调部门之间的和省、自治区、直辖市之间的水资源工作和水事矛盾，同时，会同有关部门制定水资源开发利用规划，并就水资源的实际开发利用予以监督管理。

水利部在水资源管理方面的主要职责是：

（1）拟定水利工作的方针政策、发展战略和中长期规划，组织起草有关法律法规并组织实施。

（2）统一管理水资源。组织制定全国水资源战略规划，负责全国水资源的宏观配置，组织拟定全国和跨省的水长期供求计划、水量分配方案并监督实施。

（3）组织实施取水许可制度和水资源有偿使用制度。拟定节约用水政策，编制节水规划，组织、指导和监督节水工作。

（4）按照国家资源和环境保护的有关法律法规，拟定水资源保护规划。组织水功能区的划分和向饮水区等水域排污的控制。

（5）组织指导江河、湖泊、水域的开发、利用、管理和保护。组织、指导水政监察和水行政执法。协调并仲裁部门间和省（自治区、直辖市）间的水事纠纷。县级以上地方人民政府水行政主管部门依法负责本行政区域内的水资源的统一管理工作。按照《水法》有关规定，借鉴国外水源管理的功能经验，从总体上看，流域管理机构在依法管理水资源的工作中应突出宏观综合性和民主协调性，着重于一些地方行政区域的水行政主管部门难以处理的问题。

国家环保部主要管理内容是水污染的防治，职能是拟定方针、政策、法规，组织编制水环境功能区划，制定水污染排污总量控制标准等，对水污染防治实行统一的监督管理。具体如下：

（1）负责建立健全水环境保护基本制度。拟定并组织实施国家水环境保护政策、规划，起草法律法规草案，制定部门规章。组织编制环境功能区划，组织制定各类环境保护标准和技术规范等。

（2）负责重大环境问题的统筹协调和监督管理。指导协调地方政府重特大突发环境事件的应急、预警工作，协调解决有关跨区域环境污染纠纷。

（3）承担落实国家减排目标的责任，组织制定主要污染物排放总量控制和排污许可证制度并监督实施。

（4）承担从源头上预防、控制环境污染和环境破坏的责任，还负责环境污染防治的监督管理和负责环境监测和信息发布。

五、我国水资源流域管理

目前，我国在黄河、长江、珠江、淮河、辽河、海河这六大江河和太湖流域都成立了作为水利部派出机构的流域管理机构，行使法律、行政法规规定的和水利部授予的水资源管理监督职责。流域管理机构有两类：第一类是流域管理委员会，是水利部所属的流域水行政管理机构，为水利部的派出机构，代表水利部行使所在流域的水行政主管职能；第二类是流域水资源保护局，是国家环境保护部和水利部共同管理的流域水资源保护机构，管理范围与水利部直属流域机构相同，作为第一类流域机构的一个事业单位。

流域管理委员会的职能：

第一是指导职能：指导编制流域综合规划及有关专业的专项规划；指导流域内江河、湖泊水域和岸线的开发、利用、管理和保护；拟定流域性水利政策法规等。

第二是管理职能：负责统一管理流域水资源管理；组织拟定流域内省际水量分配方案和年度计划以及旱情紧急情况下的水量调度预案，实施水量统一调度。

第三是服务职能：保障水资源的可持续利用、支撑经济社会的可持续发展和为提高人民生活而提供防汛保障，以满足日益增长的用水需求。

第四是协调职能：水的问题涉及各行各业、千家万户，矛盾错综复杂，上下游、左右岸、省际间、部门间水事关系都要进行协调，新《水法》第58条规定是对流域管理机构协调省际水事关系的特别授权。

第五是监督职能：新《水法》强化了流域管理机构的执法监督工作，规定了流域管理机构及其水政监督检查人员的监督检查权力和职责，规定了水行政执法的层级监督。

第六是保卫职能：新《水法》第65条、72条、73条规定为保护水工程及堤防、护岸、防汛抗旱和水文监测、水文地质监测等设施提供了法律依据。

根据新《水法》规定，我国流域水资源保护的职责是：水资源的动态监测和水功能区水质状况监测；国家确定的主要江河、湖泊以外的，其他跨省市的江河、湖泊的流域综合规划、区域综合规划的编制；在国家确定的主要江河、湖泊和跨省区的江河、湖泊上建设水利工程的审查；重要江河、湖泊以外的其他跨省区江河、湖泊的水功能区划审查；管辖权限范围内排污口设置的审查；管辖权限范围内的水工程保护工作；管辖权限范围内的取水许可证颁发和水资源费的收取；水污染纠纷处理、执法监督检查等。

六、水资源管理方式分析

管理是水资源利用的重要手段，现代化水资源管理也是我国水资源安全战略的重要组成部分。水资源管理就是综合运用行政、法律、经济和教育等手段，对水资源开发利用保护进行调节的各种行为，目的是提高水资源利用率和利用效率，使其发挥最大的社会、环境、经济效益，最终实现水资源安全状态。国家对水资源管理的理念、方针、政策和策略应通过法律法规形式予以确定，以保证连续性和稳定性。市场经济是规则经济，各种经济活动也必须依据规则开展，需要通过法规来规范全社会对稀缺资源的利用。

水资源的特有属性和市场资源配置决定了政府对水资源管理应以宏观管理为主，宏观管理的重点是水资源供求管理和水资源保护管理。在水资源配置、开发、利用和保护等环节，围绕处理水资源供给与需求、开发和保护的关系，以及处理由此而产生的人们之间的关系，成为水资源管理的永恒主题。以水资源可持续利用支撑经济社会可持续发展，保障国家发展战略目标的实现，这是水资源管理的根本任务。实现经济效益、社会效益和环境效益高度协调统一的水资源优化配置是管理的最高目标。

水资源管理包括水量管理和水质管理，我国长期以来重水量管理，轻水质管理，每年有三分之一的工业废水和90%的生活污水未经处理就排入河湖，以至于现在水质危机已经重于水量危机。在水量管理上，重供给管理轻需求管理，重调水轻节水，以至于出现调来的水不加爱惜，粗放使用，甚至大搞城市水幕、水墙等水景观，模拟江南水乡；在水质管理上，重工程治理轻社会治理，重河湖水体的治理忽视流域周围工农业的减排治污及山林的养护，以至于污染源增多、加剧，河湖水体污染加剧。

加强水资源的保护，防止水资源污染是水资源安全管理的重要内容。需要指出，我国至今没有走出先污染后治理的误区。应该知道，我国已经没有先污染后治理的资本，如果污染的局面不扭转，我国淡水资源将面临消失，我们将失去改错机会，让几代人付出巨大的生存成本。[1] 我们应当认识到，厉行节约用水，建设节水型农业、节水型工业和节水型的社会是我国水资源管理的长期目标，水资源安全是水资源管理方式的最终价值体现。

七、我国水资源监测与公布

实施水资源安全管理，必须对水资源状况有准确的把握。我国环境保护部发表的环境状况白皮书显示，2011年上半年，重点流域水环境质量总体为轻度污染，主要污染指标为氨氮、高锰酸盐指数和五日生化需氧量。Ⅰ~Ⅲ类水质断面占48.8%，劣Ⅴ类水质断面占15.9%。与上年同期相比，

---

[1] 张昆峰、李占虎：《论水资源的合理利用及管理》，载《科技资讯》2011第13期，第1页。

Ⅰ~Ⅲ类水质断面比例提高 0.2 个百分点，劣 Ⅴ 类水质断面比例降低 3.5 个百分点。

2011 年上半年，七大水系水质总体为轻度污染，主要污染指标为高锰酸盐指数、氨氮和五日生化需氧量。Ⅰ~Ⅲ类水质断面占 53.9%，劣 Ⅴ类占 17.6%。与上年同期相比，Ⅰ~Ⅲ类水质断面比例提高 1.9 个百分点，劣 Ⅴ 类水质断面比例降低 4.4 个百分点。支流污染普遍重于干流，支流Ⅰ~Ⅲ类水质比例为 22.2%，比干流低 31.7 个百分点；劣 Ⅴ 类水质比例为40.0%，比干流高 22.4 个百分点。七大水系中，长江、珠江Ⅰ~Ⅲ类水质断面比例在 75%~90%，水质良好；海河劣 Ⅴ 类水质断面比例超过 40%，为重度污染；其余河流为中度或轻度污染。

第二节 我国水资源管理体制的问题与对策

我国日益严峻的水资源不安全形势，说明我国水资源管理体制未充分发挥出确保水资源安全的功效，需要在实践中找出问题、化解障碍，使体制的运转向安全、高效运行。

一、我国水资源管理体制存在的问题

多年来，我国很多学者基于行政管理视角，分析我国水资源管理体制。近十年来，随着我国市场经济体制改革的深入，出现源于治理理论的新观点，尤其是在动员社会力量方面，主张构建市民参与的管理体制。从统揽新旧观点的立场，可以认定，我国水资源管理体制存在以下几方面的问题。

（一）水环境行政主管部门地位不高。尽管成立了流域级综合管理机构，但缺乏权威性。如我国的长江水利委员会、珠江水利委员会等，往往只在处理洪水危机中起作用，在水资源分配与协调方面的作用微乎其微。这些管理部门不是权力机构，无权过问地方水资源开发利用与保护

问题。流域所辖各地区均从本地区利益出发,最大限度地利用区内水资源,导致上下游之间、地区之间以及各部门之间的水资源开发利用的冲突问题。从隶属关系看,流域统一管辖机构名义上由水利部和国家环保总局双重领导,实际上其机构设置、工作经费、人事调动和任免等均由水利部决定,国家环保部难以对其进行管辖。同时,流域统一管辖机构的法律地位比较低。该机构仅处于"协同"的地位,未体现流域环境管理机构在水资源保护和水污染防治中应有的主导地位。

(二)各部门职能划分不明。国家各相关部门职能分割和交叉严重,最为严重的是国家环保部和水利部。目前的职能分工使得环保部门在实施水污染控制工作中与水利部门的水资源开发管理工作产生相互交叉和影响。如水质和水量的分割管理,水利部负责水量,水质由水利部和国家环保部共同管理,水利部门管理"不上岸",环保部门排污管理"不下水"。[1]

我国水资源管理模式为水质和水量分割的管理方式,即体现为《水法》和《水污染防治法》分别从水资源经济价值和生态价值进行管理。但是,水质和水量对整个水资源而言为不可分割的两部分,偏废任何一方面都将难以实现水资源的可持续发展。为此,将水质水量分割管理,在实际中难以实现协调,势必影响行政管理效率。更为重要的是,在实际管理中形成水利、环保、农业、林业、航运、市政等同时分别管理的"多龙管水"格局,利益冲突不可调和,部门间相互推诿相互扯皮,严重影响水资源的有效管理。

我国目前水资源管理效率低下、监管不到位等问题,主要是在管理职能、管理权限、监管方式等问题上,法律规定过于笼统过于原则性,为实际执行造成障碍。需要在今后的改革中不断细化,作出具体的规定。

(三)缺乏有效的协调机制。从机构设置的协调性来看,在国家一级缺乏协调机构,导致各部门各自为政,尽管国家环保部作为统一监督管理部门,但从组织设立和变更来看,国家环保部综合协调能力受到很大的限

---

[1] 曾文忠:《我国水资源管理体制存在的问题及其完善》,苏州大学硕士学位论文,2010年9月,第20页。

制。"实践中，我们也确实发现国家环保部对于这种跨部门、跨地区的重大水环境政策和水环境问题屡协不调，屡解不决的情况。"流域管理机构行政执法权力设置的缺失会导致缺乏高规格的专门法定协商机构。我国《环境保护法》并未明确规定协调机构，而水资源污染问题的复杂性、广泛性和综合性等特点，呼唤加强部门间的广泛协调和合作，使各部门采取协调一致的行动，以保证可持续发展战略目标的顺利完成，造就必须由高规格的专门性协调机构来执行协调职能。

（四）公众参与机制的欠缺。水资源的公共性决定了无论是对水资源的开发利用，或是对资源的保护上都必然会涉及各种利益主体的利益，仅依靠行政主管部门的管理，势必难以有效地兼顾各方利益。为此，公众参与机制的建立显得尤为重要。我国流域执法不力的根本障碍还在于公众参与制度的严重缺位。

水环境治理关系到流域环境质量和人居环境，与全流域居民切身利益息息相关。水资源的开发与保护涉及到不同的利益集团和社会公众利益，在河流的开发者、保护者及社会公众之间达成共识，形成一种各方都可以接受的折中方案。因此，需要扩大公众参与的范围和深度，保障公众的知情权、参与权和决策权。我国流域水资源管理缺乏公众参与机制的问题是：

（1）流域区居民利益往往被忽略，没有发挥应有的作用，不利于水资源的管理与保护。

（2）民间力量弱小。公众参与制度的严重缺位在一定程度上从我国环境团体的生存现状上折射出来。我国民间社团组织的数量不多，特别是专业化参与水资源保护与管理的社团组织数量较少，社会影响有限。2005年我国民间环保组织有2768家，其中，有政府背景的占49.9%，民间自发成立的占7.2%，与世界水平相比，我国处中下等水平。

我国《水污染防治法》虽然规定，任何单位和个人都有义务保护水环境，并有权对污染损害水环境的行为进行检举，但是，对于公众就其所享有的监督权应该通过何种方式、何种途径、何种程序步骤予以行使，以及在权利受到侵害时通过何种途径寻求救济等种种问题都没有详细明确的规定。尤其在有关水资源规划、政策制定、方案拟定等事项上更是缺乏企业、居民的参与。在关乎水资源环境的重大工程项目的审核、建设等事项上，公众参与只是流于形式，公众的实际参与权、利益主张往往成为空谈和作秀。

（五）缺乏有效的监督管理机制。排污企业的监管主体是地方政府。很多排污企业有法不依、超标排放，"违法成本低，守法成本高"，这些现象有法制不健全的原因，但根本原因是地方政府执法不力、监管不力。如果各级地方政府都能严格履行其法定的环境监管职责，重点流域的水环境形势不至于越发严峻。现实中部分地方政府只顾眼前的经济利益，甚至与排污企业之间存在利益勾结，从而对企业的污染监管力度有限。地方环保部门在财政经费以及人事上对地方政府有很强的依附性，不能严格执法，环保目标让位于经济发展目标。目前治污的大部分环节由行政主体来承担，使得地方政府常常既是运动员又是裁判员，也是导致监管失效的重要原因。此外，地方政府在促进当地产业结构调整方面的动力往往不足，而发展环境友好型产业是减缓水环境污染的根本途径之一。如果环保目标不能真正纳入地方政府的绩效考核范围，问责机制不能有效发挥作用，上述现象就很难从根本上改变。

我国虽建立了较完善的环保法律体系，但监督管理体制与机制尚不健全，有法不依、执法不严、违法不究的现象比较普遍。"国家监察、地方监管、单位负责"的环境管理制度未得到充分落实。各种保障措施呈现形式化，主要表现在奖励标准偏低，没有起到真正的激励目的；惩罚力度不够，没有起到警告和督促作用等。在市场条件下，企业始终追求利润最大化，这与污染治理、达标排放存在明显的利益冲突。同时，地方政府实际上推行"监而不管，管而不罚，罚而不封"的模糊政策。因此，需要完善检查监督机制，及时调整偏差。

二、我国水资源管理体制完善对策

按照水的自然规律要求，强化水资源的统一管理，努力建立权威、高效、协调的水资源统一管理体制，是建设节水型社会的前提，是保障社会经济可持续发展的重要手段。

（一）要建立国家级的水资源管理委员会。由于在国家一级的管理上，水利部负责对水资源进行统一的监管，同时，环境保护部门、农业部、林业部等在职权范围内亦享有一定水资源管理权，由此造成的分割管理、职能交叉重复等问题突出。针对此问题，在国家一级成立国家水资源管理委员会，作为国家水资源管理的最高权力机构，直属国务院领导，由相关部门代表组成，作为部门间沟通、交流和协商的平台，负责全国水资源的统一管理。国家水资源管理委员会主要负责协调各部门涉及水资源管理保护的决策，制定水环境统一规划。通过建立一个综合协调机构，协调各部门的水资源开发利用行为，实现水资源综合管理，以提高管理效率。除成立国家水资源管理委员会以外，国家一级水资源管理应当实行水资源统一管理与水环境保护统一监督并行。由于水资源既是自然资源又是环境要素，这两种属性和价值不可能截然分开，因此，水资源的管理应该将资源开发利用和资源保护结合起来考虑，水量和水质并重，解决职能交叉问题。

（二）地方级确立以流域管理为主的管理模式。虽然我国在重要的江河、湖泊设立了流域管理机构，但是就流域管理机构的职能、权力等都没有明确规定，流域管理机构只是一种形式设置。为此，要确立流域管理机构在水资源管理中的地位，明确流域管理机构的职能权限，确立流域管理机构的决策权、管理权、监督权，赋予流域管理机构高度的独立自主权和监管权。同时，还应在流域管理机构下设置专门的监管部门，由法律授予相应的行政执法权，一方面实现决策与监管的分离，以有效地保障各项规定得以切实的执行，另一方面通过执法权的赋予以保证流域管理机构能够对各类违法行为进行及时有效的监管，排除各种不必要的干预。此外，还要进一步强化流域管理机构的协调功能，协调流域与区域的各类冲突，建立完善的冲突解决机制，兼顾企业、居民等各方利益。

（三）完善水资源管理中的公众参与机制。公众参与是指个人或社会组织通过一系列正式的和非正式的途径直接参与到政府公共决策中，是公众在公共政策形成和实施过程中直接施加影响的各种行为的总和。国外实践证明，公众参与能提高水管理的效率和效果，防止政府对水资源管理的失灵，帮助国家培养公民的环保意识，促进公民环境权的实现。在我国，可以说公众参与是社会主义民主的要求，有利于用户充分行使民主权利，集思广义，考虑到用水户的利益，更好地对水资源进行管理。需要指出，民间环保组织作为一种社会力量，作为一种新的资源配置体制，可弥补政府和企业这两种主要资源配置体制的不足。我国应当及早制定相应法律，确定民间环保组织的法律地位，明确其水资源保护的职能。这对中国社会的民主发展和政治文明进程，无疑具有积极的促进作用。需要强调，在水资源安全体制保障上，社区也是不容忽视的社会力量。开展绿色社区建设，对开展家庭节水和家庭污水处理等具有重要作用，也是组织社区居民参与水资源安全管理的新形式、新机制，是推行水资源安全自治的组织保障。

解决水资源危机，需要动员和组织全社会力量重视和关注水资源管理，将公众参与纳入水资源保护与水资源管理中可以减少与公众的紧张关系，得到公众的理解和支持，可以更好地保护和利用水资源。为此，应当确立正式的管理机制，分担责任。使用水户、非政府组织能够接受和政府建立新型的合作伙伴，共同治理水问题。我国还应有效利用国际组织的力量，借助国际组织的技术或能力支持，促进国际水体效益的提升，通过建立新的全球水网络的合作伙伴关系，化解水资源危机，保证可持续发展。

（四）建立有效的水资源管理协商机制。由于流域内水资源具有互通和相互影响的特性，不是一个部门、一个地区或某种单一方法就能够奏效，而需要不同部门和地区之间、上中下游之间、左右岸之间的协调合作，采取综合治理措施。因此，流域机构与地方水行政主管部门之间应增加工作透明度，建立一定程度上的合作交流机制、信息通报制度。作为流域机构，应定期发布流域水资源管理公报，就流域内的水质、水量、水事、环境通告流域内的各行政主管部门。有关本流域内水资源及水工程的相关资料也应当共享，以期为实现水资源的统一管理和科学调度创造条件。另外，要处理好政府和公众之间的信息沟通。政府向公众公开信息，同时公众向政府进行信息反馈与交流。无论是对政府决策有利的信息，还是不利的信息，都应该及时予以公开，这样才能满足环境信息公开的全面性要求。在法律和实践中还应建立公众参与会议制度，定期召开会议，倾听公众代表对于流域污染控制的意见和建议，完善人大代表、政协委员监督检查制度。人大代表作为公众参与的一种重要形式，需要在相关法律中进行明确，并具体完善人大代表的权利义务以及相关程序。

（五）应实行严格的水资源管理监督机制。水资源行政管理的监督是指对水资源行政管理组织和行政人员的行政管理活动所实施的监督和控制，是水资源行政管理的重要组成部分。有效的监督能防止权力滥用和腐化，保证水资源行政管理职能和目标的实现，防止管理目标的变形和走样。同时，有利于根据不断变化的客观实际对行政管理活动进行修正。当然，水资源行政管理监督的权威性需要法律授权，其工作内容、程序、方法、纪律也应在相关法律、法规和制度中有明确的规定。法制化是内部监督有效实施的保障。"十二五"期间北京将建立最严格的水资源管理制度，全面推进节水型社会建设，确保全市水源安全、供水安全、水环境安全和防洪安全。

在行政系统内部，水资源行政管理组织、人员之间由于职责、权力的设置和分工而自然形成相互制衡关系，包括上下级之间发生的纵向监督和同一级别不同部门间的横向监督。同时政府专设的监督机构，根据特殊授权而对其他水资源行政管理组织和人员实施的专项监督，如我国设立的监察部驻水利部监察局、地方水利局的监察处。水资源行政管理是涉及范围广、职权多样的复杂系统。通过将不同职权分配到不同组织部门，可以使部门间形成均衡制约的局面，促进系统内部自我约束机制的正常运作。但这种组织结构和职权分配体系应科学、合理、适度，不能因追求内部制衡而影响了行政管理的效率。权力制衡的目的不在于束缚权力，而在于追求权力行使的合法性、合理性和高效性。

在行政管理系统外部形成立法机关、司法机关、社会公众对水资源行政管理的监督。通过国家法律制度的制定和运用，来制约和督促水资源行政管理部门、人员依法进行水资源管理。具体包括规划计划制度、目标责任制度、环境影响评价制度、"三同时"制度、水资源保护基金制度、总量控制制度、现场检查制度和奖励制度、开发利用许可证制度、供水分配制度、生态补偿费制度、水利工程的水资源保护制度、岸边工程的水资源保护制度、航道利用的水资源保护制度及渔业资源开发的保护制度等等。

第四章　水资源安全的法律保障

　　法律对水资源安全的保障体现在两个方面：一是法律的视角从只考虑一个国家内的主要河流水资源的安全利用，扩大到整个流域的生态系统保护，同时将地表水和地下水作为统一的资源来考虑；二是对国际河流从简单的禁止污染、对河流利用进行协商的简单规则，转向共同管理、共享资源，流域国家间的合作范围也扩大到经济、科技、文化等领域。

第一节　水资源安全的国内法保障

20世纪90年代以来，世界上许多国家纷纷对本国的水资源法进行修改，或是通过制定新法律，加强对水资源开发和利用的管理与保护。

一、发达国家水资源安全保障的法律调整

美国水资源管理一直处于世界领先地位，主要运用经济手段、管理体制、方法创新、科技运用四个方面。1928年的《防洪法》标志着美国水资源多目标开发的开始，1948年制定了《水污染防治法》，1956年制定了《联邦水污染防治法》。1965年制定了《水质法》，规定了联邦水质标准，为全国水污染评价提供依据。1972年的《清洁用水法》对水资源的开发提出严格的要求。1974年国会通过《安全饮用水法》，保护国家饮用水供应，防治污染和传染性水生疾病。1977年《清水法》修改增加环保局对有毒污染物的管制。以上法律都提到了水资源保护，对农业水资源保护起到了积极作用。1996年修改《安全饮用水法》，要求各州对所有现有的饮用水源进行保护，对所有公共水供应进行风险评估。

1953年，日本的《水土保持和防洪基本纲要》提出江河流域在保护基础上的开发利用。1957年的《供水法》使生活用水需求得到保障。1959年的《水质保护法/工业污水管制法》规定了指定水域的工业废水排放标准。1961年的《水资源开发促进法/水资源开发公团法》促成水资源开发与管理的一体化。1964年的新《河川法》规定水资源的综合利用与防洪措施。1970年的《水污染防治法》规定工业废水排放须采用统一标准。2001年的《土地改良法》修正案体现了环境友好型的社会理念。2003年的《指定的城市河流淹没防治法》规定为减少洪涝灾害，在指定的城市河流流域，建立河流管理、污水处理和城市发展部门之间的联系与协作。需

要指出，1997年修改《河川法》，意味着水资源管理政策发生了转变，转向改善水质，实施新的防洪综合管理方法，保护河流景观与生态等。

德国的《联邦水法》是德国水资源管理的基本法，对水资源管理和保护规定详尽到具体的技术细节，对城镇和企业的取水、水处理、用水和废水排放标准都有明确规定。在《联邦水法》的基础上，以可持续水资源管理理念为指导，德国相继出台了《废水收费法》、《联邦土壤保护法》、《联邦自然保护法》、《清洁剂和洗衣店法》、《地下水条例》、《饮用水条例》、《供水管道条例》等专门法。自《联邦水法》颁布至今已修订7次，充分体现了其可操作性、实用性和长效性的特点。

法国水法比较健全，现行水法颁布于1992年，管理原则是统筹管理，管理范围包括地表水和地下水，质量并重，着眼于长远利益。法国法律还规定，必须以流域为单元对水资源进行综合管理，明确规定流域水资源开发管理规划必须由流域委员会来制定，这已成为地方政府水资源开发利用保护的政策和纲领。

英国的《1963年水资源法》，标志着英国和威尔士有关水权行政管理制度的建立。英国是世界上关注生态用水较早的国家。在立法中，重要法律包括《1989年水法》《1990年环境保护法》《1991年水资源法》和《2003年水法》等。此外，附属法规有《2003年水资源（环境影响评价）附属法规》、《2006年水资源（抽取和存储）附属法规》、《2007年水资源管理规划附属法规》、《未来之水——政府的英格兰水事战略（2008年）》等。

俄罗斯政府非常重视水资源的保护。1995年10月，俄国家杜马通过了《俄联邦水法典》，这是指导整个俄联邦水资源立法体系的基本法，明确了俄联邦境内水体的归属权，划分出国家、地方政府与个人拥有水体所有权的范围。2006年4月俄国家杜马通过了《俄联邦水法典》修订案。

以色列以《水法》为核心形成较完整的法律体系，法律的制订特别强调可操作性，相关法在水资源和水环境管理、供水等方面发挥了重要作用。以色列于1959年制定《水资源法》，1962年出台《地方政府污水管理法》，

1981 年制定《公共健康法典》等，已形成众多法律规范组成的体系。

二、我国水资源安全的法律保护

（一）水资源安全法律体系

20 世纪 80 年代以来，我国开始了依法治水的立法工作。我国现行水资源保护法律主要包括《宪法》《水法》《环境保护法》《水污染防治法》、《水土保护法》及国务院颁布的保护水资源的规范性法律文件，如《全国生态环境建设规划》、《取水许可制度实施办法》、《水利产业政策法》等。经过 30 多年的发展，我国水资源保护的法律制度已逐步形成体系，水资源的开发利用与保护初步步入规范化、法治化的轨道。

（1）水资源安全的宪法保障。宪法是国家的根本大法，是制定水法律规范的原则和基础。《宪法》第 9 条规定，水资源属国家所有，明确了水资源的所有权和使用权，为水资源的保护及开发利用提供基础。国家是水资源的所有者，国家对水资源的占有、使用和收益的权力，是通过国家即由国务院代为行使对水资源所有权进行管理方式来实现的，国家通过颁发用水许可证和征收水费来体现对水资源拥有的所有权。《宪法》第 51 条规定，公民行使个人权益不得损害公共利益的原则，其中当然包括防止个人滥用权利而造成的水资源破坏。

（2）水资源安全的水法保障。《水法》在水资源法律体系中占核心地位，是水资源保护的基本法。1988 年颁布的《水法》经 1998 年和 2002 年两次修改，更加完整地体现了现代立法精神，为社会可持续发展提供了重要保障。《水法》具体规定了水资源管理目的、原则、水管理范围和管理制度、组织机构、法律责任等，属于综合性立法保障。

（3）水资源安全的特别法保护。特别法是针对水资源管理活动中特定的水管理行为、保护对象所引起的水行政关系而制定的专门法律，具有法律规定详细具体，操作性强等特点。目前，我国有《水污染防治法》、《水土保持法》、《防洪法》三部特别法。《水污染防治法》（1984）是保证水资源有效利用、防治污染的法律，是水资源水质保护的专门法。《水土保持法》（1991）是预防和治理水土流失，保护和合理使用水土资源的专门法。《防洪法》（1997）是针对我国洪涝灾害，从防治洪水、减轻灾害角度制定的保护水资源的专门法。

（4）水资源安全保障的有关法规。首先是行政法规，即国务院等部门制定的水行政法规，如《关于水库安全和水产资源的通令》（1979）、《灌区管理暂行办法》（1981）、《水利水电工程管理条例》（1983）等；其次是地方性法规，即省、自治区、直辖市人民代表大会及其常委会颁布的水资源管理的规范性文件，如各省制定的《防汛条例》、《水土保持条例》、《水文测验实施保护办法》等；最后是水行政部门发布的水资源管理规范性文件，如《关于根治黄河水害和开发黄河水利的综合规划报告》（1955）、《水利产业政策》（1997）等。

（5）国际水资源条约保护。国际水法是协调国际河流及水体开发利用的法律，目的在于强调在国际河流开发利用中应采取国内和国家间联合的防治措施，使水资源得到保护，维持良好的生态环境，实现流域水资源的永续利用。重要的国际水资源条约有《非航行使用法》与《赫尔辛基规则》等。对我国来说，凡我国政府参加的国际条约均有效，但声明保留的条款除外。

（二）我国水资源安全的基本制度安排

（1）水资源保护与管理体制。水资源作为稀缺的自然资源，需要受到保护。为确保水资源的可持续利用，《水法》明确规定，国家保护水资源，采取有效措施，保护植被，植树种草，涵养水源，防治水土流失和水体污染，改善生态环境。《水法》还要求划定饮用水源保护区，采取措施，防止水源枯竭和水体污染，保障城乡居民饮用水安全。

水资源管理制度是国家管理水资源的组织体系和权限划分的基本制度，是实现国家治水方针、政策、目标的组织制度。《水法》从我国政治体制出发，按照水资源管理与水资源开发、利用、节约和保护工作相分离的原则，确立了流域管理与行政区域相结合、统一管理与分级管理相配套的水资源管理体制。我国为加强水资源管理，1988年重新组建水利部，负责水资源统一管理。依据《水法》，水利部将长江流域、黄河流域、淮河流域、海河流域、松辽流域、珠江流域、太湖流域机构作为水利部的派出机构，在流域范围内代表水利部行使水行政职能。省、市两级政府也建立了管理机构。

（2）水资源开发利用制度。《水法》规定，开发利用水资源应当坚持兴利与除害相结合，兼顾上下游、左右岸和有关地区的利益，充分发挥水资源综合效益，并服从防洪的总体安排。建设水力发电站，应当保护生态环境。用水顺序首先是保障城乡居民用水，其次是为城乡居民生活服务和公共公益事业用水及禽畜饮用水，最后是为农业区在作物生长关键季节必需的农业抗旱用水，同时，要保证国家重点工程施工用水。

一般来讲，水工程建设项目意味着水体环境的变化，会对水资源保护和开发利用产生影响，为此，《水法》规定，在鱼、虾、蟹洄游通道修建拦河闸坝，对渔业资源有严重影响的，建设单位应当修建过鱼设施或者采取其他补救措施。修建闸坝、桥梁、码头和其他拦河、跨河、临河建筑物，铺设跨河管道、电缆，必须符合国际规定的防洪标准、通航标准。《水法》还规定，兴建水利工程或者其他建设项目，对原有灌溉用水、供水水源或者航道水量有不利影响的，建设单位应当采取补救措施。兴建跨流域引水工程，必须全面规划和科学论证，统筹兼顾用水需求，防止对生态环境的不利影响。

（3）水污染防治制度。防治水污染是确保水资源安全的重要组成部分。按照我国《水污染防治法》的规定，通过确立水污染防治规划制度、征收排污费制度、排污许可证制度、重点水污染物总量控制制度、城市污水处理制度、防治地表水污染制度、防治地下水污染制度、水污染限期治理制度等，保证水环境和水质安全。

需要指出，实施《水污染防治法》规定的总量控制制度，应首先确立总量控制计划。计划包括总量控制区域、重点污染物的种类及排放总量、需要削减的排污量及削减时限。县级以上地方人民政府环境保护部门根据总量控制方案，审核本行政区域内的排污单位的重点污染物排放量，对不超过排放总量控制指标的，发给许可证。对超过排放总量控制指标的，应以限期治理。

（4）水域保护制度。保障水的畅通流动是水资源更新的需要，必须严加保护。《水法》规定，禁止在江河、湖泊、水库、渠道内弃置、堆放阻碍行洪的物体和种植阻碍行洪的林木及高秆作物，禁止在河道管理范围内，建设妨碍行洪的建筑物、构筑物以及从事影响河势稳定、危害河岸堤防安全和其他妨碍河道行洪的活动。国家对河道管理范围内采沙，实行许可制度，影响河势稳定或者危及堤防安全的，应当划定禁采区和规定禁采期，并予以公告。

地下水是生活和生产用水的重要来源，也是淡水资源的战略储备库。《水法》对地下水的保护规定是开采地下水必须在调查评价基础上，实行统一规划，加强监督管理。在地下水已经超采的地区，应当严格控制开采，并采取措施，保护地下水资源，防止地面沉降。

（5）用水管理制度。为保护水资源，节约用水，合理利用水资源，《水法》还规定实行水中、长期供求规划和制定水量分配方案。调蓄径流和分配水量，应当依据流域规划和中、长期规划，以流域为单元制定水量分配方案。此外，还规定国家对用水实行总量控制和定额管理相结合的制度，实行取水许可制度、实行用水收费制度。

为保持水资源和水域的生态环境，保证除害兴利和开发利用的需要，国家根据法律规定，对涉及水域的一定区域行使管理权。在行使属于集体所有的天然或人工水域的所有权时，必须服从国家的统一管理和用水给水合理调配。为加强对水资源的管理，国家水利部从1995年起专门建立了水资源管理年报制度，为计划用水、节约用水、取水许可审批发证、水资源公报的编制和领导决策提供科学依据。

（6）水土保持法律制度。我国水土流失严重，具有一定危害。1991年我国颁布《水土保持法》，确立了预防为主、防治结合的原则，全国规划、综合治理的原则，以效益为中心，治理与开发相结合的原则，以及可持续发展原则，全社会共同参与的原则。2004年8月水利部出台了《全国水土保持预防监督纲要》（2004~2015），对水土保持原则做了进一步概括，主要是"预防为主，保护优先"。

我国水土保持的预防措施主要有：保护森林，发挥森林的生态效益；转变耕作方式、退耕还林还草；把"同时设计、同时施工、同时投产使用"的三同时制度作为预防水土流失的重要举措；资源开发过程中的水土保持，因采矿和建设使植被受到破坏的，须采取措施恢复表土层和植被。

三、我国水资源安全制度安排存在的问题

（一）水资源保护法律制度缺乏体系性。首先，水资源开发利用和保护的法律与其他自然资源性法律之间缺乏有机联系。事实上，水资源与其他自然资源的开发利用与保护是相互影响、密不可分的。因此，水资源保护法律制度应该与其他自然资源的法律制度相协调，既要强调水资源法律对水资源的直接保护作用，又要注重其他资源法律制度对水资源的间接保护作用。其次，水资源开发、利用与保护等各方面的法律制度本身还不尽完善。长期以来，水资源法律制度只注重开发利用，忽视对水资源生态环境的保护。

（二）缺乏对水资源的刑法保护。首先，中国刑法目前还没有明确规定水环境污染罪，对于严重污染水体的犯罪，只能用妨碍社会管理秩序罪中的破坏环境资源保护罪或渎职中的具体罪名来处理，没有规定以惩治生态环境为主要特征的水环境污染犯罪。其次，刑法没有将水资源的合理开发利用纳入保护范围。对没有取得许可证而直接从地下或江河、湖泊大量

取水的，或者虽然取得许可证却采取破坏性手段的行为目前仅适用于行政法调整，没有刑法作为最后的保障，难以保障取水制度的有效实施。最后，侵占、毁坏水工程及堤防、护岸等有关设施，毁坏防汛、水文监测、水文地质监测设施，依照刑法只能勉强归入贪污罪、故意毁坏财物罪，十分牵强，而危害水工程安全活动的行为在刑法中却没有相关的规定，对这些设施不提供刑法保护也是不合理的。

（三）水资源规划的法律地位未受到足够的重视。我国现行水资源保护法律虽然包含了水资源全面规划的制度性规定，但这些规定仅仅视规划为实施水资源行政管理的一种手段，而没有将其作为具有独立立法价值的法律制度来对待，未能使其取得比具体水资源管理法律措施更高的法律效力，导致水资源规划未能发挥"基本依据"的作用。

（四）水权制度没有真正确立。水权是以水资源的所有权和利用、保护为基础的一组权利。从民法角度看，水权应包括权利主体对水资源的占有、使用、收益、处分四项职能。我国目前法律对水权职能界定不清。现行法律仅规定了所有权和取水权，而对水资源开发利用、保护权利的规定并不清楚。还有水权的行使主体不明，现行《水法》仅对水资源管理部门及管理权作出了规定，但未明确规定国家所享有的水权如何行使，以及如何有效保护水资源。这显然不利于水资源的整体规划和管理。更重要的是，未建立水权的流转制度，尤其是 2002 年新《水法》没有将"水权"、"水权交易"等重要概念写入，水权制度改革并不深入，造成了水资源配置效率低下等问题。

（五）管理体制不健全，管理权限不清晰。经过重新修订后的水法，虽然对"政出多门"的现象起到了一定的遏制作用，但根本问题尚未解决。由于水资源所有权的行使主体多元，造成权力设置的重复或空白，注重分工忽视协作。各部门的权力行使的不统一，容易造成对整体利益、长远利益的损害，对流域水资源的保护不利。[1]

---

[1] 孙健：《水资源保护制度的法律效率》，载《经济导刊》，2011年第5期，第53页。

四、我国水资源安全制度的完善

（一）完善指导原则。我国"预防为主，防治结合"的原则是针对环境问题的特点和国内外环境管理的主要经验和教训提出的。预防为主原则适用的范围特点是现有的科学知识已经明确证明某种环境风险或问题一定会发生或必然存在，这时在预防为主原则的指导下采取预防措施，避免风险或危害的发生。防止措施采用的前提是科学知识对某一种环境问题的危害等因果关系有了一定程度的了解。但是水污染和破坏一旦发生，往往难以消除和恢复，甚至具有不可逆转性。生态环境本身就很脆弱，一旦发生危害如大型水域污染、洪涝灾害、地下水污染、水生生物灭绝等，这些损失都是难以弥补的。因此应当扩大对预防为主原则的理解，推行风险防范原则，保护人体健康和生态环境安全。

（二）完善水资源的风险评价制度。水资源风险评价的目的不仅在于防止环境污染，当代人们对生活质量的要求更高，为了防止环境因素对人类产生不利影响，更需要在风险防范原则指导下建立风险评价制度，来防止不利影响，但是不利影响的范围远远大于污染。

水资源风险评价的体系包括：给水资源带来的风险——水质、水量、水环境；给水生生物带来的风险；给整个生态环境带来的风险；给人体健康和舒适生活带来的风险等方面。

需要指出，水资源风险评价制度是双重的风险评价，一是要站在保护水资源，保护环境，保护人类健康的角度防范水资源风险的危害；二是也要考虑各种自然因素和人为因素对涉水行为本身的影响，最终的目的是实现涉水行为和客观环境的双赢。

（三）完善水资源风险管理制度。水资源风险管理的对象分类包括水资源事故和水资源事件。首先，从立法角度，对水资源事故和水资源事件作出明确的区分。两者应采取不同的预防和处理手段，以及适用不同的责任划分提供出法律基础。对于不同的水资源事故，其成因不同，特征不同，管理的方式更不同。水资源事故和水资源事件，都是我国环境风险管理的对象，都需要从国家和地方层次全面开展。当前亟待加强对现有水资源风险的科学治理，对现有水资源风险进行全过程管理，实现风险识别、风险分析、风险评估和风险处置等全流程管理，加强水资源风险监控和风险沟通，有效缓解当前水资源风险加剧过高的局面。[1]

（四）完善水资源规划和权属制度。我国水资源法律制度的完善还可进一步完善我国的水资源法律体系，强化水资源规划的法律地位，明确水资源规划的具体内容，不仅要有水利水能的开发利用规划，而且要有全流域的生态环境规划，明确规定环境和生态用水的具体目标和措施等。同时，还应明确水资源的所有权行使机制，与《宪法》《水法》等现行法律中所规定的水资源属于国家所有相配套，应当修订现行的《水法》，明确水资源的所有权由特定机构行使，避免实践中出现行政管理机构过多，政出多门，管理无序的状况。健全水权制度，应完善水资源用益物权制度、债权制度和水价调整机制等法律制度，建立水资源投资法律制度、水权贸易法律制度，解决水资源所有者和使用者之间以及使用者相互之间的矛盾，市场配置实现水资源效益最大化，有效保护水资源。需要指出，在水资源稀缺性突出的背景下，有必要建立排他性水权。政府水利部门应当层层界定水权，在跨省水域进行省际水权界定，在跨地市水域进行市际水权界定，在跨县水域进行县际水权界定，直到将水权界定到用水户。有了水权界定，必然会产生水权交易，达到控制用水和提高水资源配置效率的目标。

（五）完善水资源安全预警制度。水资源安全预警机制是对水资源安全预先设置不同警示级别与防范应对保障措施系统，是现代社会运行与管理预警机制的有机组成部分。针对我国水资源严峻的现状和水资源运行管理混乱局面，需要整合现有水资源管理机构，设立"国家水资源监督管理委员会"及其分支机构，在此机构内设"水资源安全预警"职能部门，提

---

[1] 窦玉珍、余洁：《完善我国水资源风险防范法律制度的几点思考》，载《2008全国环境资源法学研讨会论文集》，第51页。

高水资源安全预警水平。全国各地有一支经过严格专业训练的技术人才队伍，长期动态掌控全国水资源安全状况，处理突发的水资源危机事件，形成水资源安全预警机制的中坚力量。当然，全社会参与的群体性联防保障力量也非常重要。[1]

（六）完善刑法保护制度。首先，增设水环境污染罪，有效实施对水环境污染犯罪的预防和惩治。其次，增设非法取水罪，打击非法取水的一切犯罪活动，维护正常的取水秩序和取水许可制度，保护国有资产和水资源不受非法侵害。最后，增设破坏水利设施罪，保护国家财产和国家对水资源的管理权，保证水资源的安全合理开发。

五、关于实行最严格的水资源管理制度的分析

2011 年年初出台的中央一号文件通过了加快水利改革发展的决定，强调要实行最严格的水资源管理制度。这是面对我国水资源新形势作出的英明决策，是从国家战略全局和长远发展出发作出的重大部署。在当前水资源短缺和污染的严峻形势下，就是要把水资源管理的重心放在合理配置、全面节约和有效保护上，以总量控制与定额管理、水功能区管理等制度建设为平台，通过水资源论证、取水许可、水资源费征收、入河排污口管理、水工程规划审批等手段，强化需水管理，推进节水防污型社会建设，着力提高水资源利用效率和效益。到 2020 年，初步形成与全面建设小康社会相适应的现代化水资源管理体系。

到 2020 年，初步形成与全面建设小康社会相适应的现代化水资源管理体系，努力实现六项目标：基本建立完善的水资源管理制度和监督管理体系；基本建成饮水安全和经济社会用水安全保障体系；基本建成水资源合理配置和高效利用体系；基本建成水资源保护和河湖健康保障体系；基本建成水资源管理能力和科技支撑保障体系；基本建成完善的水资源管理

---

[1] 姚金海：《水资源安全预警法律制度建设的必要性》，载《经济与社会发展》2010年第9期，第105页。

和运行保障体系。

2011 年 11 月 1 日我国开始施行《太湖流域管理条例》，这是我国第一部流域综合性行政法规。该条例从流域综合管理的角度出发，针对太湖流域洪涝灾害、水资源短缺、水污染和水环境恶化等，将国家水资源管理与保护的法律制度在太湖流域具体化。从水资源调度、取水总量控制、水功能区监督管理、水污染防治、防汛抗旱、水域岸线管理等方面进一步强化了地方政府和水利、环保等相关部门以及太湖流域管理机构管理职责，尤其在解决体制机制问题、流域管理与区域管理相结合、水资源保护与水污染防治衔接等方面有所创新和突破，对于加强太湖流域水资源管理与保护，保障该地区经济社会可持续发展，维护防洪安全、供水安全、生态安全具有十分重要的意义。条例明确了国务院水行政主管部门设立的太湖流域管理机构的定位以及流域性监督、协调、综合管理等方面的职责，明确了太湖流域防汛抗旱指挥机构统一组织、指挥、指导、协调和监督流域的防汛抗旱工作。还明确了调度权限，加强了防洪和水资源的统一调度，以保障防洪和供水安全，细化了最严格水资源管理制度。

2012 年 1 月国务院发布《国务院关于实行最严格水资源管理制度的意见》，提出的基本原则是坚持以人为本，着力解决人民群众最关心最直接最现实的水资源问题，保障饮水安全、供水安全和生态安全；坚持人水和谐，尊重自然规律和经济社会发展规律，处理好水资源开发与保护关系，以水定需、量水而行、因水制宜；坚持统筹兼顾，协调好生活、生产和生态用水，协调好上下游、左右岸、干支流、地表水和地下水关系；坚持改革创新，完善水资源管理体制和机制，改进管理方式和方法；坚持因地制宜，实行分类指导，注重制度实施的可行性和有效性。提出的主要目标是确立水资源开发利用控制红线，到 2030 年全国用水总量控制在 7000 亿立方米以内；确立用水效率控制红线，到 2030 年用水效率达到或接近世界先进水平，万元工业增加值用水量（以 2000 年不变价计，下同）降低到40 立方米以下，农田灌溉水有效利用系数提高到 0.6 以上；确立水功能区限制纳污红线，到 2030 年主要污染物入河湖总量控制在水功能区纳污能力范围之内，水功能区水质达标率提高到 95% 以上。

为实现上述目标，国务院提出：首先要加强水资源开发利用控制红线管理，严格实行用水总量控制。为此，要严格规划管理和水资源论证，要严格控制流域和区域取用水总量，要严格实施取水许可，要严格水资源有偿使用，要严格地下水管理和保护，要强化水资源统一调度。其次，加强用水效率控制红线管理，全面推进节水型社会建设。为此，要全面加强节约用水管理，要强化用水定额管理，要加快推进节水技术改造。再次，加强水功能区限制纳污红线管理，严格控制入河湖排污总量。为此，要严格水功能区监督管理，要加强饮用水水源保护，推进水生态系统保护与修复。最后，国务院提出作为实行最严格水资源管理制度的保障措施，要建立水资源管理责任和考核制度，要健全水资源监控体系，要完善水资源管理体制，要完善水资源管理投入机制，要健全政策法规和社会监督机制。

总之，实行最严格的水资源管理制度，不仅仅是对用水方的严格管理，也给加强水资源管理带来前所未有的机遇，更是对水资源管理者的严格要求，使得现行水资源管理体制、机制、理念、制度、手段和能力等面临着严峻的挑战。

第二节　水资源安全的国际法保障

目前，国际法对水资源的安全保障可分为三类。第一类是全球性的，主要是《赫尔辛基规则》和《国际水道公约》；第二类是区域性的，缔约方不限于同一流域国家，往往是在区域性国际组织的主持下缔结的，这类公约为数不多，典型代表是《跨界水道公约》以及《共享水道修订议定书》等；第三类是流域性的，流域中的两国或多国就流域水资源的分配、利用或保护问题签订条约。依据共同利益理论和公平与合理利用国际水资源的法理内涵，流域条约是国际淡水资源保护的理想途径，更是未来国际水法的发展方向。

一、区域保护制度

在欧洲，1968 年的《欧洲水宪章》，提出水的质量必须得到保护，水没有国界，对水的管理需要国际合作。在欧洲的国际法文件中，1992 年的《跨界水道和国际湖泊保护和利用公约》最有影响力，公约设立了四方面义务，即预防、控制和减少产生或可能产生跨界影响的水污染；保证对跨界水体的利用，以生态完善、合理的管理、保护水资源为目标；保证跨界水体以合理而平等的方式得到利用；保证保护和必要情况下恢复生态系统。此外，1998 年的《保护莱茵河公约》还从整体角度看待莱茵河生态系统的可持续发展，将河流、河流沿岸与河流冲击区域一起考虑。目的是保护和改善莱茵河的水质，包括地下水、防止悬浮和沉积物、保护生物物种的多样性、维护和恢复水系的自然功能等。

在亚洲，水资源利用和保护条约主要有 1960 年的《印度巴基斯坦关于印度河的条约》、1977 年的《孟加拉印度关于分享恒河水和增加径流量的协定》、1995 年的《湄公河流域可持续发展合作协定》、1996 年印度和尼泊尔的《关于马哈卡河综合开发的条约》。需要指出，《湄公河流域可持续发展合作协定》将国际环境法的可持续发展原则贯穿于湄公河流域开发和保护的各个方面，合作领域包括灌溉、水电、航运、防洪、渔业、木材漂流、娱乐和旅游，协定规定保护湄公河流域使其不受污染或其他开发计划和水资源利用的有害影响，协定还规定，保持湄公河主流的流量和预防并停止对河流的有害影响活动。1995 年 9 月，以色列与巴勒斯坦就约旦河西岸和加沙地带签订临时协定，就水资源共享，防止水质恶化，防止对水资源和水处理系统的损害，对城市、工农业废水处理和再利用等达成一致。1996 年 2 月，以色列、约旦和巴勒斯坦通过了《水事务合作宣言》，宣言指出，各方都有责任阻止在其管辖范围内污染环境的项目并保证水的质量，在可持续水资源管理、沙漠化控制以及发展水利设施的规范、标准和要求方面进行合作。

在北美洲，美国和加拿大签订了有关水域的条约和有关大湖水质的协定，美国和墨西哥签订的有关边界水域的条约和协定，构成了北美洲淡水资源利用和保护的国际法基本框架。1909年的《关于边界水域和美加有关问题的华盛顿条约》，规定了条约的地理适用、污染和设立国际联合委员会。1978年的《美加大湖水质协定》是控制和减轻大湖污染、改善大湖水质的基本法律依据。在南美洲，有1969年的《银河流域条约》和1978年的《亚马孙河合作条约》。前者提出改善航运，合理利用水资源，保护和培育动、植物，推动本流域工业的发展和区域协作等；后者在亚马孙河的资源利用职权和保护方面，有比较全面的规定，条约规定在航运、环境与生态保护、卫生、基础设施建设、旅游等方面进行联合努力。

在非洲，有1963年的《尼日尔河流域协定》、1964年的《乍得湖利于开发公约和规约》、1978年的《冈比亚河协定》、1994年的《维多利亚湖三方环境管理规划筹备协定》（肯尼亚、坦桑尼亚、乌干达）、1995年的《关于共享河流系统的议定书》（南部非洲共同体）。

二、全球性保护制度

1966年，国际法协会通过《国际河流利用规则》（赫尔辛基规则）。该规则虽是由国际法学团体制定的文件，对各国不具法律上的强制约束力，但它对国际河流利用的规则进行了系统的编纂，对国际水法的发展起到承前启后的作用。1997年，联合国大会通过《非航行利用国际水道法公约》，对国际水道非航行使用的原则、方式和管理制度等作了较全面的规定，是迄今世界上最有权威性的全球性公约。全面规定了关于国际水道非航行利用方面的国际法规则，保障国际水道的利用、开发、养护、管理和保护，促进可持续利用。需要指出，《非航行利用国际水道法公约》并非真正意义上的国际法，充其量可定位为国际习惯法，也就是说，该公约也不具备国际法上的强制力。

当然，在现代国际社会的条件下，研究国际水资源安全问题，国际法的保障作用是一个极为重要的方面。事实上，国际法的体系内已经出现了专门针对国际水资源安全问题的法律部门——国际水法，这正是在消除国家间的水资源冲突、维护国际水资源安全的实践中产生和建立起来的。经过多年实践，国际水法已经形成了比较完善的法律条文和原则体系。国际水法中的国家主权原则、公平和合理使用的原则、无害使用原则及国际合作原则对国际水资源安全保障的作用也日趋增加。

国际水法是当今国际上进行国际水资源合作、解决国际水资源争端和冲突并保障国际水资源安全的基础和准则，其重要性已得到国际社会的普遍承认。国际水法虽然没有绝对强制效力，但是以规则和道德的形式对主权国家产生较大约束力。国际水域相关主权国家一旦成为缔约国，就必须承担和平解决国际水资源冲突的义务。现有的国际水法文件中也明确对和平解决国际水资源争端和冲突进行了规定，要求当国际流域各国对于国际水资源的开发和利用中发生争端和冲突时，应通过协商和谈判方式解决问题。

国际水法发展到今天，已形成一整套比较有效的促进和规范国际水资源合作的原则和规定，既有带有普遍约束力的软法文件，也有区域或流域性质的双边条约或协定，已成为开展国际水资源合作不可或缺的法律保障。

三、国际水法的基本原则

现代国际水法四大基本原则都是围绕着如何使国际水资源合作得以有效开展而形成的，其中国际合作的原则更是直接为了促进国际水资源合作而产生。其他几项国际水法原则也有着促进国际水资源合作的作用。

（一）国家主权原则。按照联合国宪章和国际法原则，各国有按自己的环境政策开发自己资源的主权。作为自然资源的重要组成部分，对国际水资源的主权同样应该是国家主权原则的重要内容，这也成为国际水法的基本原则之一，包括国家具有自由管理和处置跨境国际水资源的权利、国家有自由开发和利用跨境国际水资源的权利、国家有平等分享跨境国际水资源利益的权利。

（二）公平和合理使用原则。《赫尔辛基规则》将公平利用作为国际河流水利用的最基本原则，并对其做了全面阐述。《赫尔辛基规则》虽然不具有法律拘束力，但提出的公平利用规则具有里程碑意义，得到了国际社会的广泛认可。国家应当公平地对国际水资源进行分配和开发，在国际水资源开发利用程序上要公平使用。所谓合理使用是指国际水域流域各国对国际水资源的开发和利用，应在掌握国际水资源基本特点和规律的前提下进行，这种开发和利用应是适度的和可持续的。需要强调，公平和合理使用原则中体现的代际公平的理念，要求沿岸国家对国际水域的生态环境和可持续发展负担起相应的义务，而国际水域尽管跨越了不同的国家，地图上的边界线将其分割成几个部分，但是在物理性质上仍然是一个不可分割的整体，一国对生态环境的破坏必然会影响到其他国家，因此，要实现国际水域的生态环境保护和可持续发展，只靠沿岸国家各自单独努力是不可能做到的，只有采取合作的方式，才能实现国际水域的可持续发展。

（三）无害使用的原则。20 世纪 80 年代以来，因各国对国际河流水资源需求不断增长，以及对生态环境保护的重视，一些国际河流条约中都设有不造成重大损害的规定，避免某一沿岸国对国际河流的开发利用而影响其他沿岸国的正常利用，以及对环境造成不利影响。这些规定总体上体现了国际社会对国际河流利用的无害规则要求。按照这一要求，国际流域国家在对国际水资源进行开发利用时，应当采取一切适当的措施，以预防、减少和控制对国际流域其他沿岸国家和国际流域生态环境造成重大损害，同时要禁止在其领土之上造成这种损害。原则范围包括水量和水质两方面，一旦发生损害，那么造成损害的国家就负有进行损害补偿的义务。需要看到，无害原则中规定了预防损害的义务，指的是流域国家在国际水资源的开发和利用行动之前，首先应做好各种预防损害的工作和计划，包括环境影响科学评价、国际信息交流与合作和加强环境监测，这些行动和措施本身就是水资源合作的一部分。

（四）国际合作的原则。国际流域的整体性，以及流域内各国开发和利用之间存在的相互关联性与相互影响，要实现国际水资源的可持续发展或利用，维护国际水资源安全，其基本条件或者说重要基础是各国间进行国际水资源开发和利用的合作。合作的基础就是都要把尊重主权平等、领土完整和互惠互利作为各流域国进行合作所依据的最根本原则；合作的目的就是要实现国际流域国家对国际水资源的最佳利用和充分保护。[1]

四、国际习惯法的保护

尊重国家主权和不损害国外环境原则是被公认的国际习惯法规则。引申到国际河流的利用领域，则表现为上游国家在利用国际河流时，不得影响下游国家的利益。这样的习惯最早在法国和西班牙就拉努湖仲裁判决中已得到体现。

拉努湖在法国境内，湖水源出法国领土，流入西班牙境内的卡罗河，与塞格莱河会合后流向地中海。1917年法国制订计划，拟在拉努湖分出一条水道流入阿里耶河，从该河流入大西洋，利用该水流发电。法国声明该计划不会影响西班牙利益，准备从阿里耶河上游到卡罗河开一条隧道，恢复有限的流量，从湖分道出来的全部水量恢复流入卡罗河，以保证每年的最低流量。对此，西班牙反对分流。1956年法国通知西班牙，声明法国将在其权力范围内自由行动，由此，产生两国关于拉努湖水分道的争端。两国根据1927年签订的仲裁条款，于1956年11月在马德里组织仲裁法庭进行仲裁。西班牙认为，法国工程计划影响了卡罗河的整个水系，湖水

---

[1] 张泽：《国际水资源安全问题研究》，中共中央党校博士学位论文，2009年7月，第101页。

分流改变了湖水流域的自然特征,把共同使用的水域变成一国使用的水域,恢复水量的保证不足以防止对 1866 年《贝约纳条约》规定的拉努湖共同利用制度。

法国认为共同利用制度并不禁止改变自然环境,《贝约纳条约》确认缔约任何一方有利用湖水从事事业工程的权利,没有规定从事这种工程权利必须事先征得对方同意,此外,法国已保证西班牙的权利和利益不受损害,对西班牙的航道和水流没有任何影响,西班牙没有任何证据证明西班牙受到损害,如果不进行该工程,法国利益将受到严重损失。

仲裁法庭认为,法国的工程计划已保证从一个流域分流出来的水量恢复该水域的水量来补偿,因而没有违反条约,法国的工程没有以损害西班牙利益为目的,"恶意是不能推定的",一国在其管辖范围内工程建设如果要得到他国同意才能进行,那就是对国家主权的限制,法国当然没有义务征求西班牙的同意,当然,按照条约附件的规定,法国有义务通知西班牙当局,和其磋商,并考虑下游利益,但法国有权对其选择的计划作出最后的决定。

仲裁法庭最后的裁决认为,法国没有等待西班牙同意的义务,但同样确认了法国与其下游国西班牙事先磋商的义务。这样的裁决体现了国际法的习惯法规则,即国家对界河或界湖的利用,不得影响下游国家的利益,如果违反这个规则,国家便要承担相应的国家责任。

五、世界水论坛的影响

为了让全世界的人们关注水问题,1993 年 1 月第 47 届联合国大会通过第 193 号决议,确定自 1993 年起每年的 3 月 22 日为"世界水日"。1996 年世界水理事会成立,同时决定每三年举行一次大型国际水资源问题的活动,即世界水资源论坛。这是世界上关于水资源的重大事件,来自世界各地的专家、领导人、非政府组织成员、企业代表、市民代表、科研机构代表等讨论世界水危机的具体解决方案。

第一届世界水资源论坛于 1997 年在摩洛哥城市马拉喀什举行，主题是 "水，共同的财富"。会议发表了《马拉喀什宣言》，呼吁各国政府、国际组织、非政府组织和世界各国人民进一步团结奋斗，为展开永久确保全球水资源的蓝色革命奠定基础。论坛还委托世界水理事会制订有关 21 世纪水、生命和环境的规划。第二届于 2000 年在荷兰海牙举行，主题是 "世界水展望"。会议通过了关于 21 世纪确保水安全的《海牙宣言》和行动计划，对未来 25 年的水资源管理和消除水危机措施提出展望。第三届于 2003 年分别在日本京都、大阪和滋贺召开。论坛包括 "水和粮食、环境"、"水和气候变化"、"水和社会" 等 38 个主题。论坛取得了一系列成果，通过了《部长宣言》。第四届于 2006 年在墨西哥首都墨西哥城召开，主题是 "采取地方行动，应对全球挑战"。会议通过《部长声明》，认为水是持续发展和根治贫困的命脉，必须改变当前使用水资源的模式，保证所有人都能用上洁净水。第五届于 2009 年在土耳其的伊斯坦布尔举行，主题是 "架起沟通水资源问题的桥梁"，促使对水资源进行可持续管理。法国马赛在 2012 年将举办第六届世界水论坛。

应当指出，为解决水资源问题，国际社会已作出不懈努力。2000 年《联合国千年发展目标》规定，要在 2015 年前，将无法获得安全饮用水的人口比例减少一半；2002 年在南非约翰内斯堡召开的 "可持续发展世界首脑会议" 通过的《实施计划》规定，要在 2015 年前，将无法获得基本卫生条件的人口比例减少一半。另外，2005 ~ 2015 年被定为联合国 "生命之水" 国际行动十年。迄今，世界水资源论坛的影响越来越大，会议上的专家发言、领导人讲话、会议形成的协议、发出的倡议、通过的宣言等，其 "软法" 的性质越来越突出，对各国水资源保护与利用的规范作用、指引作用、教育作用、保障作用越来越明显。软法虽无约束力，由一般规范或原则而非规则组成，不能通过争端机制直接强制执行，但软法作为后现代因素进入国际环境法领域，体现了多元、柔性和协商的特质，软法规范提供了一种必要的灵活性，使得国际社会能跟上并处理那些新的与国际合作有关的问题。

第五章　水资源安全的经济技术保障

　　借助市场机制，实现市场与政府水资源管理相结合，可以提高水资源安全保障的效率。通过技术开发和技术创新，尤其是节水技术的创新与普及，可以充分保障水资源安全。

第一节　水资源安全的经济保障

　　水资源作为稀缺性经济资源，需要借助市场力量，进行有效的分配，同时，还可进入国际市场，通过"虚拟水"交易形式解决水资源短缺和达到保护水资源的目的。更重要的是，水资源作为战略性资源，还可通过储备方式，得到有效的保护。

一、水资源安全的市场化保障

　　水权交易最早出现在美国，做法是允许优先占有水权者在市场上出售富余水量。近年来，水权交易理论逐渐被广泛接受，很多国家已经开始实行水权交易制度。水权交易制度的意义是通过水权交易控制用水总量，同时，通过水权交易提高用水效益。当前，我国实行的水权市场化有两大主流，一是行政单位对饮用水和农村灌溉用水的买卖；另一是企业或者行政和企业之间的就水务事业的资产和股票的买卖。所谓水务是指水资源开发、水供给、污水处理、从污水再利用到节水广泛的水事业，均是新千年后出现的新现象。

　　（一）建立水权交易制度，优化配置水资源。水权制度建设是水资源管理制度改革的关键和核心。通过明晰水权，允许水权交易，可形成反映水资源稀缺性的水权价格，使水资源配置到高效率的产业或区域。全国范围内的水权交易制度的建立势在必行。为此，必须对初始水权在区域之间进行明确界定，进而在区域内部将水权界定到用水户。这样，必然会发生区域与区域之间、用水户与用水户之间的水权交易。我国行政单位之间第一宗水权交易是 2000 年 11 月在浙江省的义乌市和东阳市。义乌市的人均水量是 1130 立方米，不到全国平均水平的一半，市民做饭是用买来的矿泉水。义乌人口为 35 万，按照发展规划将增加到 50 万，这样水不足问题将会更加严重。为此，便需要从邻接城市东阳买水，东阳有横锦水库，仅水库的水就超过义乌总储水量的186%，除满足东阳饮用水和灌溉用水外，还有1.65亿立方米水量处于未使用状态。2000年11月两市签订契约，东阳将横锦的5000万立方米水的永久使用权付与义乌，作为代价，义乌向东阳支付2亿元人民币，同时，每年支付500万元的管理费。2亿元相当于每立方米水为4元，从义乌角度看未必过高，因为用自己的资金建设同样水库的话，水的价格相当于每立方米6元，因此，该交易为双方都带来了利益。此外，石奇和余姚紧随其后，进行了水权交易。绍兴和慈溪也签订了供水合同，慈溪斥资7亿多元，绍兴从2005～2022年向慈溪供水12亿立方米。

甘肃省张掖市因经济快速发展，人口增加、耕地扩大等变成典型的缺水地区，为此，张掖市提出建设节水型社会对策，通过确立水票制度，建立了水资源流转机制。张掖市的水票制度中有两种凭证，一是水权证，另一种是水票。水票可以交易，前提是向各用水户核发水权证。水权证是用水户享有水资源使用权的有效证件，规定了持证人拥有的水权标的、用水定额。这实质上是从法律上肯定了取水权和取水数量，在此基础上实行水票制度。比如，农民以持有的水权证上核定的水量，作为购买水票的依据，用水时先交水票。若超额用水，需要通过市场交易，从有水票节余的用水户购买，农户节余的水票在同一渠系内可以转让。水票反映的是各用水户可以获得的灌溉水的数量，成为控制各用水户年度水总量的手段，也是水权交易的载体。这种交易促进缺水地区的水资源的动态平衡，打破了传统的用水浪费模式，使人们开始追求节水型经济，从根本上实现了水资源的合理配置。当然，张掖模式更为水权交易积累了经验。

在宁夏等地还出现行业间水权有偿转让模式，即企业投资农业节水设施，以换取农业节约下来的水资源扩大企业生产。农业节水措施因有工业资金的投入，用水效率提高，减少了实际用量，节约的水用于企业，使工业获得充足的水源，促进了工农业协调发展。这种模式提示我们，水权交易既可在同一行业进行，也可在不同行业间进行，总体上，对实现可持续发展有着重要意义。需要强调，水权交易参与者的权益必须受到法律的保护，否则交易活动无法做到合法有序，适应市场体制建设的要求，我国应尽快完善制度,确立真正的水权交易市场。依托市场力量,确保水资源安全。

需要指出，在我国水务方面，行政和企业之间乃至企业与企业之间就资产和股票的交易也有不断增加的倾向。2004 年 12 月福州市水务公司以1.5 亿元取得福州经济开发区自来水公司的资产。中国环境水务投资公司投入 4.61 亿元购买了厦门水务集团 45% 的股份。另外，在水权交易市场，来自英国、法国的外资也引人注目，通过与中国企业合资的也在增加，加入水权市场的中国企业上升到 10 家,其中,首创股份、原水股份、创业环保、武汉控股、南海发展、钱江水利六家公司为上市公司。

（二）建立水污染权交易体制，优化水环境容量资源的配置。我国现有的水资源管理手段主要是政府主导的命令控制式政策和以排污费为代表的经济政策，这两种手段既有优势也有不足，如缺乏对排污者的经济刺激，无法获得充分的市场信息等。对此，水污染权或称排污权则利用其自身优势，实现与其他政策的互补，通过多元化制度设计解决水资源污染问题。根据水环境容量，确定废水排放总量，分配废水排放指标，建立水污染权交易制度是一种行之有效的手段。所谓污染权交易，是为实现特定区域的水资源安全目标，在污染物排放总量不超过允许排放量的前提下，由政府作为水资源的拥有者以许可证形式，授予排污者环境容量使用权，不同的排污者基于在污染治理成本上的差异，在环保部门的监管下，对富余环境容量使用权进行转让的民事法律行为。

水污染权交易制度有以下几个要点：

（1）水污染权或废水排放指标出售的总量要受到环境容量的限制。

（2）水污染权初次交易发生在政府环境管理当局与各经济主体之间，即政府把污染权出售给各经济主体。

（3）水污染权的将来交易可能发生在更宽广的范围之内，如污染企业与污染企业之间、污染企业与环境保护组织之间、污染企业与投资者之间、政府与各经济主体之间等。可见，水污染权交易是以让市场机制发挥基础性作用，各经济主体共同参与，政府参与调节的一种有效运行机制。

应当说，水污染权交易具有制度上的优越性：

（1）利用市场调节，使价格信号在水资源保护中发挥基础作用，使全社会总的污染治理成本最小化，各经济主体利益达到最大化。

（2）有利于促进企业技术进步，属于一种有效的激励机制安排，可以控制污染物排放总量。

（3）有利于政府在生态环境问题上作出调整，政府可通过在水污染权市场的买入和卖出，对环境状况进行微调，经过一定时期证明调整后的环境状况为优时，可确定为环境标准。

（4）利于非污染企业和公众积极参与，如环保组织可利用手中资源买进污染权，不再卖出，达到提高环境质量的目的。

水污染权交易方式可以分为分散交易和集中交易，前者以柜台市场为代表，后者以交易所为代表。在我国水污染权交易发展的初期，因交易市场规模较小，市场的管理和运作还不成熟，交易方式应以分散为主，即卖方将富余的水污染权公开竞价拍卖或由买卖双方通过个别谈判缔结合同。随着水污染权交易发展的成熟以及市场规模的扩大，交易方式可向集中交易模式转变。总的来说，水污染权交易有利于降低企业治理水污染成本，可促进企业采用新技术、新工艺，从而获得经济利益，更重要的是，还有助于实施总量控制，限制排污行为，客观上有利于形成污染水平低生产率高的工业布局，有利于政府对水资源的宏观调控，以及有利于公众参与水资源安全的保护。

（三）改革水供给价格。2000年4月开始，我国大城市的供水价格上涨非常明显，目的是为确保应对年年增加的水供给不足的资金投入和提高节水效果。我国水价格政策的变化，大致经历了1949～1965年的无偿给水期、1965～1985年的政策性有偿给水期、1985～1994年的水价格改革期、

1995～2003 年的水价格改革加速期，2003 年 5 月国务院颁布了《水利工程给水价格办法》，2003 年 7 月颁布了《水价办法》。2004 年以来，我国通过价格作用促进节水政策更加明显，2004 年 4 月颁布了《推进水价改革促进节约用水》的通知，《通知》指出，今后水价改革应进一步理顺水资源费、自来水价格、污水处理再生水及各类用水和比价关系，并逐步对居民生活用水和非居民用水实行阶梯式计量水价制度和计划用水，以促进节水和水资源的可持续利用。推进以节约水资源为目的的价格改革政策的背景是城市用水不足，农村用水改革进展迟缓，费用征收困难。今后应对照向节水型社会过渡，继续推行水价改革，同时，将水权价格作为研究的重点。

2005 年以来，国家进一步推进水价改革，降低供水成本，整顿水价秩序，完善水费计收机制，推进节水型社会建设。迄今，北京、浙江、合肥、宁夏等城市已经推行了阶梯水价政策，取得了一定成绩。阶梯水价即用水量越大，价格就越高，对于超定额用水阶梯加价，目的是促进节水和减少污染量，保护短缺的水资源。2011 年 1 月中共中央、国务院印发了《关于加快水利改革发展的决定》，提出要不断创新水利发展体制机制，其中包括积极推进水价改革。预计在未来一段时间内，我国还将继续完善水价形成机制，调整价格水平。

需要指出，水资源的市场配置有利于提高水资源的使用效率，有利于克服水资源单纯行政管理模式的弊端，但不能片面强调水资源市场配置的重要性，因为市场机制不足以确保水资源的可持续开发利用目的的实现，在利益的驱动下，市场主体反而会加大滥用水资源程度，同时，市场机制不会考虑未来人们的利益，难以反映未来子孙后代的水资源利益。更重要的是，市场机制不能完全实现水资源的公平分配，如果任由市场来调节，在效率优先和竞争的导向下，水资源会流向利用效益最大的地方，由此，在水资源严重短缺的地区，就必定会出现穷人因为缺水而导致的生存危机。因此，水资源市场配置并非灵丹妙药，不能完全依靠市场配置水资源，必须市场和政府双管齐下。

二、引入虚拟水交易

虚拟水是 20 世纪 90 年代中期伦敦大学亚非研究院的一位教授提出的新概念，是指生产商品和服务所需要的水资源数量。虚拟水不是真实意义上的水，而是以"虚拟"的形式包含在产品中的"看不见"的水。虚拟水同时也被称为"嵌入水"或"外生水"，特指进口虚拟水的国家或地区使用了非本国或本地区的水这一事实。例如，生产 1 公斤粮食需要用 1 千升水，这 1 千升水就是产品背后看不见的虚拟水。如果进口的虚拟水多于出口的虚拟水，那么就有虚拟水的净进口。为了缓解水资源短缺状况，减轻我国水资源需求压力，可以鼓励进口虚拟水多的产品（如粮食），鼓励出口虚拟水少的产品，并限制出口虚拟水多的产品。[1]

虚拟水战略是指贫水国家或地区通过贸易的方式从富水国家或地区购买水资源密集型农产品，尤其是粮食来获得水和粮食的安全。如果一个国家出口水密集型产品给其他的国家，实际上就是以虚拟的形式出口了水资源。事实上，当前很多国家都以虚拟水的形式来解决国内的水资源短缺问题。2001 年南非向赞比亚出口了 9000 吨玉米，从虚拟水的角度来说，就是南非出口了一定数量的水给赞比亚，中东地区每年靠粮食补贴购买的虚拟水数量相当于整个尼罗河的年径流量。相对于国家甚至世界范围而言，水资源的短缺通常只是局部现象。传统上，人们对水和粮食安全都习惯于在问题发生的区域范围内寻求解决方案。虚拟水战略从系统的角度出发，运用系统思考的方法找寻与问题相关的不同影响因素，从问题范围之外找寻解决内部问题的应对策略，提倡出口高效益水资源商品，进口本地没有足够水资源生产的粮食产品，通过贸易的形式最终解决水资源短缺和粮食

[1] 沈满洪:《中国水资源安全保障体系的建构》，载《中国地质大学学报》(社会科学版)，2006年1月第6卷第1期，第33页。

安全问题。

国家和地区之间的农产品贸易实际上是以虚拟水形式在进口或出口水资源。目前，国际虚拟水贸易非常频繁，1995~1999 年与粮食有关的全球虚拟水贸易量年均 6950 亿立方米，而全球农作物用水 2000 年达到 5.4 万亿立方米，即全球粮食生产用水的 13% 是用于虚拟水贸易。同期，我国通过进口农畜产品相当于 5 年进口 1710 亿立方米虚拟水，平均每年进口 343 亿立方米虚拟水。因此我国可运用国际贸易政策，发挥资源优势，出口耗水少而耗劳动力多、产量和产值较高的产品如玉米、棉花、苹果等，从富水国进口耗水密集的产品如豆类和小麦等。同时我国可开展南方和北方之间的虚拟水交易，缓解区域水资源短缺的压力。[1]

今后，仍需加强虚拟水理论和虚拟水战略研究。首先，需要科学地定量评价产品中的虚拟水含量，对有关计算方法进行完善修正，使产品虚拟水量化更符合区域生产实际；其次，社会资源的适应性能力是能否成功运用虚拟水战略的关键，需要加强研究；再次，虚拟水战略对国家或地区的水资源、生态、经济和社会文化的影响；最后，虚拟水战略下国家（或地区）应对策略选择等。因此，建议国家大力加强虚拟水战略研究力度，认真探讨虚拟水理论问题及应用问题，为国家决策提供准确坚实的科学依据。

我国应积极建立基于虚拟水战略的区域政策保障体系。应用虚拟水战略需要在有关政策和管理体制上进行大力完善和改革。首先，必须改革流通体制，放开市场准入，塑造多元化的经营主体，打破国有粮食企业垄断经营局面，深化国有粮食企业改革，同时对粮食调运给予一定的政策补贴；其次，加大财政转移支付力度，建立健全社会保障体系。在产业结构战略性调整与转型、退耕还林（草）等生态环境建设造成农民收益下滑的阶段内，需要国家加大财政转移支付力度，设立专项基金用于补贴采用虚拟水战略后的粮食调运，同时针对采用虚拟水战略后对区内粮食需求降低导致的农村剩余劳动力的增加，需要建立对应的社会保障体系。

[1] 周玉玺：《制度、技术、政策与水资源危机》，载《中国生态农业学报》2006年4月第14卷第2期，第3页。

我国应创新水资源管理体制，逐步实施虚拟水战略管理。在生态环境脆弱地区，水资源开发利用的难度越来越大，需要创新国家的区域水资源管理体制与机制，逐步应用虚拟水战略解决区域粮食和农产品供应，平衡区域水资源利用赤字，促进全国生态安全体系建设。将节约下来的有限实体水转向生态环境恢复保护以及低耗水高效益产业，增加农民收入渠道和经济能力，通过贸易向市场要效益的方式间接养水，使水资源管理走上良性循环。

三、建立水资源战略储备体系

水资源作为国家经济和社会可持续发展的战略性资源，面临三种突出的危机，需要研究与建立储备体系。储备是抵御自然灾害和重大意外事件的物质保障。储备是克服社会产品供求不平衡的重要措施，储备是维护国家利益的根本要求。从水资源变化规律来看，我国面临三种突出的水危机。

（一）气候变暖与社会经济发展导致的长期性水危机。未来社会经济发展使我国水资源供需长期处于紧平衡状态。从总量来看，全国年均水资源总量从 2010～2030 年是不断攀升的，2030 年接近全国水资源可利用量。加上水资源时空分布不均、水土资源与社会经济布局不匹配等因素，我国水安全状况前景更不容乐观。气候变暖增加了水资源系统的不确定性。许多资料表明，近百年来地球气候正经历一次以全球变暖为主要特征的显著变化，中国的气候变化趋势与全球的总趋势基本一致。据中国应对气候变化国家方案预测，气候变暖导致极端天气及洪涝、干旱灾害发生的概率增加，水资源可利用量将进一步减少。我国应对气候变暖最脆弱的地区就是北方缺水地区，未来气候变化将对这些地区产生更大的影响，在未来 50～100 年将更加明显，北方地区水资源将从周期性短缺转变为长期性短缺。

（二）气候周期变化导致的中期性水危机。我国气候周期变化比较明显、七大流域降水、径流存在十年左右中期振荡，出现特枯年和连续枯水年的概率较高，对供水安全的影响较大，在北方地区尤为突出。1997年以来的干旱使天津出现了自 1983 年"引滦入津"工程通水以来最严重的水危机。全国各地也都不同程度地存在气候周期变化引发的水危机，涉及东北、华北、西北、华东、华南和沿海的 63 个城市。因气候周期变化出现特枯年和连续枯水年而造成水资源短缺的事件不断增多。

（三）突发事件引发的短期水危机。污染、台风、洪水、风暴潮、地震等突发事件造成的供水水源破坏、供水线路中断，引发短期的水危机。突发水污染造成短期水危机呈现扩张趋势。突发水污染直接威胁着饮用水安全和人民健康，尤其是突发重大水污染事件对供水安全的影响最大。我国污染产业企业布局决定了我国水污染事故频发。以石油、石化企业为例，中国两万多家石化企业大部分设在水边，其中，2000 家在饮用水源地和人口稠密地区。"十五"期间共发生 4681 起水污染事件，尤其是因企业违法排污和事故而引发的重大水污染事件接连发生。今后一个时期，水污染问题若得不到根本遏制，将严重威胁着供水安全。台风、洪水等极端灾害引发的水库垮坝也可能造成供水紧张。2007 年全国已有 6 座中小型水库垮坝。极端灾害危及人民生命财产安全，对供水安全提出挑战，须高度重视，积极防范。[1]

我国应对三类水危机，需分层次建立储备体系。一是要建立长期储备，长期储备应对长期水危机，保障全球气候变暖背景下国家经济社会可持续发展的供水安全。在我国水资源供需长期处于紧平衡状态之下，水资源系统适应气候变化的能力十分脆弱，气候变暖可能打破这种紧平衡，进一步加剧供需矛盾，使我国长期面临水危机的挑战，影响可持续发展。作为一个负责任的大国，为子孙后代储备一定的水资源是我们义不容辞的责任。二是要建立中期储备，中期储备应对中期水危机，保障气候周期变化出现特枯年和连续枯水年时流域或区域的供水安全。随着社会经济发展和用水

---

[1] 柳长顺：《关于建立我国水资源战略储备体系的探讨》，载《水利发展研究》，2008年第2期，第22页。

需求的增加，在气候变暖的大背景下，如果遭遇特枯年和连续枯水年，供水将面临严重的挑战，必须建立一定规模的水资源储备，保障供水。三是要建立应急储备，应急储备应对短期水危机，保证突发事件情况下的用水安全。

第二节　水资源安全的技术保障

解决水资源安全问题的根本是依靠科技创新和科技进步。在水资源开发利用、防洪与减灾、节水型社会建设、水环境保护与生态建设、水土保持、水利水电工程建设与管理、水利信息等方面开展科学研究与科技创新，可促进水资源的合理开发、高效利用、优化配置，达到全面节约、有效保护之目的。

一、技术短缺约束

科技力量是伟大的，利用科技化解水资源危机，是保障水资源安全的必由出路。我国是发展中国家，科技总体水平落后，尤其是在确保水资源安全方面的技术存在短缺。技术短缺表现在以下几个方面：一是水资源开发技术不足。有些水资源目前还不能供人类使用，全球水储量中，淡水储量非常之少，绝大部分淡水储存在高山冰川、两极冰盖、永久积雪和深层地下水中，大部分水资源尚无法开发利用，现有技术能开发利用的仅占0.266%。二是现有水资源利用技术落后，利用率低下。我国工业用水重复利用率平均为45%，远低于发达国家水平75%～85%，而工业万元产值平均用水量约为发达国家的5～10倍。大部分农田采用漫灌方式，灌溉定额普遍偏高，用水严重浪费。全国城市供水漏失率为9.1%，其中，北方地区城市平均漏失率为7.4%～13.4%。家庭节水器具、节水设施少，且用水效率低。三是饮用水处理技术落后。我国现在大多数水厂采用的常规水处理技术，主要是去除水中的悬浮物、胶体物质和病原微生物等。它由混凝、沉淀或澄清、过滤、消毒等组成。但饮用水处理除了上述的去除对象外，还面临着有机污染物、消毒副产物等的去除问题。去除原水中的有机污染物是当今饮用水处理面临的首要问题，水源中的有机物主要有人工合成有机化合物和天然有机物两类。研究表明，这些有机物具有一定的毒性，在天然水体中难以降解，并具有生物累积性作用或慢性中毒，对生态环境和人体健康构成潜在威胁，传统的常规工艺技术已不能保障饮用水安全。四是工农业生产工艺和技术落后，缺乏防污、排污技术。随着经济发展和人口的增加，废水排放量也相应增加，我国80%左右的污水未经处理就直接排入水域，造成河流污染，90%以上城市水域污染严重。地下水水质每况愈下，污染严重，全国水污染呈扩散趋势，加剧了区域缺水的程度。

二、我国化解水资源危机的技术路径选择

面对水资源安全的技术短缺，我国应从增加水资源供给角度，实施以下技术措施：

（一）实施雨水利用技术

我国南方地区降水集中在3～7月，降水量占全年的50%～60%，北方地区主要集中在6～9月，占全年的70%～80%，降雨时间较短。若无有效的集水设施，大量雨水白白流掉或被蒸发掉。目前我国雨水利用程度很低，仅局限于干旱较严重的农村地区，城市内雨水应用率较小。

日本、德国的城市大力发展屋顶及居住区地面雨水收集系统，供楼房及城市生活及绿地灌溉之用，农村和农田中各种雨水收集及储存系统普及。目前，我国沿海一些海岛利用屋顶集水，如山东省长岛的"藤上结瓜"集水利用技术、甘肃省张掖的雨水集流工程，对缓解区域水资源短缺发挥了重要作用。应当说，雨水利用潜力很大，可以缓解局部地区水资源的短缺。

最佳雨水利用实践起源于美国，流行于欧美各国，主要有结构性和非

结构性两种类型。前者主要涉及城市雨水利用系统的物质组成，如路面材料、储水设施、渗透系统和过滤系统等；后者主要涉及引进新管理实践或改进已有管理实践，如对常规雨水管理、不渗水区域的控制等。南京2008年1月1日实施的《南京市城市供水和节约用水管理条例》明确规定：规划用地面积2万平方米以上的新建建筑物应当建立雨水收集利用系统。

（二）实施中水回用技术

中水是介于上水与下水之间的水管道系统，可回用于不与人体直接接触的生活杂用水，如冲厕、绿化、浇洒和冲洗车辆等，目前我国工业用水利用率、家庭用水利用率普遍偏低，因此，中水回用潜力很大，是解决城市缺水的重要途径。

需要指出，活性焦过滤吸附法是美国密西西比国际水务公司多年来在煤化工、生物质化学、热工、水化学、机械制造等领域进行多学科、跨行业的交叉研究，开发出的系列化水处理技术和装备，用于城市污水净化处理回用、城市供水预处理、污染地区农村居民生活用水净化处理、突发性水污染事件的应急处理等领域。活性焦过滤吸附法污水深处理系列化工艺技术在近十年的开发、研究、试验过程中，对城市污水、污染的河水、造纸中段废水、化工废水、焦化废水、制药废水、印染废水、垃圾渗滤液、酒精废水、煤气废水、棉短绒制浆废水、酸洗磷化废水、糠醛废水、橡胶抗老化剂废水、有机硅废水等十几个行业几十种污水、废水进行了小试、中试、工业化试验和整体工艺的污水处理工程实施，上述污水、废水采用活性焦过滤吸附法处理后，经检测，均能够达到国家规定的回用水标准或排放标准。

（三）实施海水淡化技术

海水淡化是从海水中获取淡水的技术和过程。海水淡化以多级闪蒸和反渗透为主，另外有低温多效和压汽蒸馏等。世界上1亿多人口的地区靠海水淡化解决用水的问题。实践表明，海水淡化对沿海地区经济的发展还将发挥重要作用。

目前，海湾国家应用海水淡化技术较广泛，海水淡化是海湾国家主要淡水来源。但受技术因素的制约，海水淡化成本较高，多为 5 元 /m3 以上，超过人们的承受力，我国现应用范围较小。因此需要开发新的海水淡化技术，以降低海水淡化成本。在中东缺水国家，海水淡化工程早已开始，许多国家兴建了大型海水淡化厂。海水淡化部分地解决了这些国家的缺水问题，但成本较高，远远满足不了广大缺水国家的需求。全世界的海水淡化量仅相当于埃及一个月的用水量。我国海水淡化技术是在政府支持和国家重点攻关项目驱动下发展起来的，电渗析、反渗透海水淡化技术和蒸馏法海水淡化技术的研究开发等，都取得很大进展。2003 年 5 月，国务院颁布实施的《全国海洋经济发展规划纲要》已将海水淡化与综合利用列为未来重点发展的新兴产业。

　　目前，我国已建成的海水淡化工程中，近 80% 的装机规模都是引进国外技术建造而成，关键设备如反渗透膜、能量回收装置等主要依赖进口。据中国脱盐协会介绍，我国海水淡化主要采用热法和膜法两种方式，其中，热法的材料有 50% 来自进口，而膜法（主要是反渗透膜）则有 90% 是进口的，国内能够完全满足的仅是玻璃钢压力容器方面。我国将出台的扶持政策中，将提出鼓励具有自主知识产权的海水淡化、推动综合利用关键材料（膜、特种合金）和装备技术的研究开发、推进国产海水淡化材料的生产和制造、加快海水利用装备产品自主制造的步伐，目的皆在于提高海水淡化关键设备的国产化率。目前，浙江舟山已经在六横、岱山、嵊泗等地建立了 20 个海水淡化工程装置，其中嵊泗县的海水淡化供水量已占当地供水总量的 80% 以上，成为该县的第一大水源。国内现在对海水淡化市场形势普遍看好，主要是因国家高度重视，2011 年的中央一号文件和中央水利工作会议均提到发展海水淡化。另外，随着经济社会的快速发展，特别是城市化进程的加快，加速了东部沿海城市的水资源紧缺程度，一些沿海发达地区以及离海较近的超大城市，人口多，水资源需求量大。在这种情况下，海水淡化产业的发展对于这些地区可持续发展进程中的水资源补充具有重要的战略意义。

2011 年，水利部将《我国海水利用现状、问题及发展对策》列为重大课题。科技部正在制定《"十二五"海水淡化科技发展专项规划》，并组织专家进行论证。总的来看，我国海水淡化规模还很小，尚未达到经济规模。据中国脱盐协会统计，目前我国海水淡化能力约为 60 万吨 / 天。但在未来 5 年，中国海水淡化的产能将翻番。"十二五"时期，我国海水淡化产能将达到 200~300 万吨 / 天，投资规模将达 200 亿元，一定程度上将缓解我国水资源安全压力。

（四）推行人工湿地技术

人工湿地是人为地将石、沙、土壤等一种或几种介质按一定比例构成基质，并有选择性地植入植物的污水处理生态系统。人工湿地污水处理系统是利用自然生态系统中物理、化学和生物的三重协同作用来实现对污水的净化。

20 世纪 80 年代人工湿地系统由试验阶段进入应用阶段，目前该技术在发达国家已被成功地用来处理各种废水，如含重金属废水的处理、牛奶场废水的处理、家畜废水处理、农业废水的处理、废水中杀虫剂和杀真菌剂的处理、木材废弃物渗出液的处理、垃圾渗滤液的处理、含除草剂废水的处理、生活污水的处理等。美国有 600 多处人工湿地工程用于处理市政、工业和农业废水。

1990 年深圳的白泥坑人工湿地工程是我国的首次实践，我国还在北京昌平等地进行了人工湿地处理污水的有益尝试。研究表明，人工湿地处理污水的效果显著，优于传统的污水处理工艺，是新型污水处理技术，具有高效率、低投资、低运转、低维持费、低能耗等特点，不仅适用于中小城镇、农村地区，也适用远离城市管网的居民小区、旅游景区、大型厂矿企业。近十年来，我国人工湿地研究与应用取得一定发展，在处理印染废水、矿山废水、石油开采废水、橡胶加工废水等方面相继开展了研究，但主要还是用于以生活污水为主的污水处理，如城市湖泊污水、污染河水、养殖废水、城市小区污水、农村生活污水、城市污水深度处理。该技术符合我国可持续发展的国情，有广阔的应用前景。

（五）推行水污染综合防治技术

水污染防治技术措施主要有底泥疏浚、人工增氧、调水引流水质改善、植物修复技术等河湖水质强化净化技术。底泥疏浚在河流利用水面变化，增加行洪、蓄洪能力方面，作为一项重要措施，在滇池、巢湖、太湖等流域水环境综合整治中，已被广泛应用。人工增氧技术是根据河流受到污染后缺氧的特点，人工向水体中充入空气或氧气，加速水体复氧过程，以提高水体的溶解氧水平，恢复和增强水体中好氧微生物的活力，使水体中的污染物得以净化，从而改善河流的水质。调水引流水质改善技术是通过工程引流改善水域水动力条件，增加对污染物的稀释容量，提高局部水域净化能力，许多城市在水资源综合利用和调配中，通过跨流域调水工程解决了水源空间分配不均问题。植物修复技术对河道自然修复应采取生态化措施，主要是通过恢复河岸植被，恢复河岸天然湿地，种植芦苇、浮萍、睡莲、水草等湿地水生植物提高水域净化能力。在城市内河水体中种植水生植物，一方面可以通过植物发达的根系有效地吸收，达到减轻和遏制水体富营养化趋势的目的；另一方面，通过水生植物的种植和培养，还起到美化水域环境、改善城市景观的作用。

需要指出，工业的迅速发展，给水体带来新的污染，水中的有毒有害物质在逐年增多，常规的饮用水处理技术已经不能满足人们日益提高的水质要求和现行的饮用水卫生标准，常规处理工艺对水中微量有机物的去除效果不明显。因此，需要改进和强化传统水处理工艺，当前，气浮工艺在我国已经成功应用于低温、低浊、高藻水的处理。其对传统净化工艺进行强化，能够降低出水浊度，提高有机物的去除效率，全面提高出水水质。目前应用比较广泛的强化方法包括强化混凝、强化沉淀以及强化过滤。我国还需要对饮用水强化深度处理，在常规处理工艺之后，采用恰当方法，将现行工艺所不能有效去除的溶解性有机污染物等进行强化去除，最终达到提高和保证饮用水水质安全的目的。目前，应用较多的深度处理技术有活性炭吸附工艺、生物活性炭工艺、膜分离工艺、臭氧氧化工艺、臭氧—生物活性炭组合工艺，以及各种高级氧化技术的联用工艺。

需要强调，开发新一代水资源监测技术迫在眉睫。这些监测技术包括针对化学、生物和放射性污染物的现场检测器，用于确定地下水储水量的时差重力测量，用于确定娱乐用水和饮用水中病原体来源的细菌来源追踪，用于测量流速及沉积物输送的水声学、水量和水质的远程检测，以及在各种快速分析方法中使用的纳米技术。美国为了开发新一代水监测技术，确定了以下重要措施：

（1）开发传感器和测量系统，以较低的成本对河流、湖泊、地下水、湿地、河口、积雪和土壤中的水量及变化进行精确的实时测量；

（2）开发传感器系统，以较低的成本对水质进行实时测量；

（3）开发关于数据收集、数据交流和数据可用性的标准和方案，并应用于新型监测技术。[1]我国已部分掌握了这些技术，专家建议先在北京、河北进行示范，然后逐渐推广到各个流域。

三、我国应大力开发农业节水技术

发展节水农业是关系到国民经济健康发展的全局性战略，具有重要意义。我国目前采用的主要农业节水技术措施有农业水资源合理开发利用措施、节水灌溉工程措施、农艺节水技术措施、节水管理技术措施。在节水技术方面，我国应推广喷灌、微灌技术。喷灌、微灌技术可在传统的沟、畦灌等地面灌溉基础上节水 30% ~ 50%，节省劳力 20% ~ 90%。在节水的同时改变传统的灌溉概念，把含有肥料的水滴入作物根层的土壤中，使土壤中的水、肥、气、热保持协调关系，达到作物高产的目的。我国还应推

---

[1] 姜斌、夏朋：《美国水资源管理的国家科技战略》，载《水利发展研究》，2010年第4期，第78页。

广地面覆盖技术。地面覆盖具有抑制土壤蒸发、蓄存降水、保持土壤水分的优点，分为有机物覆盖、地膜覆盖和化学覆盖。有机物覆盖就是利用农作物秸秆等材料进行地面覆盖，有明显的保墒节水效能；地膜覆盖是一种用薄膜覆盖的农田技术，能抑制蒸发；此外，保水剂、抗蒸腾剂等化学覆盖技术也得到了广泛应用。此外，还应推广膜下滴灌技术。膜下滴灌是将覆膜种植技术与滴灌技术两者互相结合的新型灌溉技术。实践证明，膜下滴灌技术比常规灌溉节水30%以上，土地利用率提高5%~7%，单产提高20%左右，降低了农民的劳动强度、提高了经济效益。由于这种先进生产方式的实施，带来了农业体制和组织形式的创新，出现了一大批家庭农场，不仅有效节约了农业用水，促进了地区生态环境的改善，还为低成本高产出的农牧产品提高了竞争力。至2006年，全国推广微灌总面积66.66万公顷以上。

四、我国应全面开发工业节水技术

提高水资源的循环利用效率、开辟新的可用水源是一项长期的战略任务。工业节水要引导企业采用成熟的先进技术，如高浓缩倍率循环冷却水节水成套技术，以提高用水系统的用水效率。从我国工业节水技术的开发历程看，"八五"以前我国工业节水技术以仿制为主，"八五"期间侧重水处理药剂的创新开发，以期实现由仿制到自主创新的重大转变，"九五"期间侧重药剂产业化技术的开发，以期加快创新品种工业化及进入市场的步伐，"十五"期间侧重工业节水成套技术的集成开发及应用研究，以期为工业企业大幅度节水提供技术支撑。天津化工研究设计院开发了适用于高浓缩倍率运行的水处理化学品及在线自动监控技术，从而提高了水的重复利用率，减少了排污水量，进一步节约了新鲜水量。北京化工大学首次开发了由蒸汽发生技术、汽水平衡技术、清洗强化技术、防腐阻垢技术等集成的工业蒸汽锅炉节水成套技术。其特点是能够代替离子交换树脂，消除离子交换树脂再生废水、溶盐废水、反洗水、冲洗水排放。突破了把锅炉运行和停用分开处理的传统模式,实现锅水运行期零排污、停用期间不排污。能有效防止锅炉运行或停用期间的结垢、腐蚀,能最大限度回收凝结水。杭州水处理技术开发研究中心运用纳滤技术和反渗透技术集成的膜技术处理含镍电镀废水,成功实现了回收硫酸镍和回用废水的双重目标。2006年12月,国家发展改革委员会、建设部、水利部联合发布了《节水型社会建设"十一五"规划》,对2010年前的节水工作作了部署。预计"十二五"期间,继续研究开发重点节水技术,实施科技攻关,大力推广工业节水新技术、新工艺,培育和发展节水产业。目前,工信部正在组织编制"十二五"工业节水专项规划。作为工业废水的排放大户,造纸及纸制品业今后将受限制。

五、保障水安全必须依赖科技进步

科学技术是第一生产力。要充分依靠科学进步防洪、防旱,减少水资源的污染,针对各种难题组织科技攻关,推广行之有效的现代化科技成果,确保水安全。在对旱涝灾害进行有效监测和部分调控的基础上,努力建立和完善灾害的预测、预报制度,逐步开发并形成防止灾害的信息系统、预警系统、专家系统和调度系统,尤其是要推广和采用新技术、新工艺、新设备和新方法等。目前科技的发展已经可以实施小范围人工降雨,收到了很好效果。也可以尝试利用大气水转移的办法,将洪灾地区降雨量转移到水资源短缺的地区。应充分应用遥感、地理信息系统、全球定位系统等先进技术对研究数据进行管理、分析、模拟和显示,使研究成果更具有科学性、合理性、指导性、实用性。我国应加强国际视野研究,探讨全球化背景下的我国水资源安全对策。2001年年初,水利部、国家海洋局、国家气象局和国家环保局等四个部委联合在国家科技部立项,开展了"中国水资源安全保障系统的关键技术研究",其关键技术指海水利用技术;污水利用途径；洪水利用途径以及人工降雨利用技术。2003年至今有关部门一直进行着"水资源安全对策"的软科学研究。

需要指出，在水资源开发利用上，我国需要加大水利工程技术研究，依靠技术进步和技术创新，结合生态规律，将水资源的开发利用与整个生态环境的改善相结合，确保水资源的数量和质量在根本上得到保证。在20世纪50~70年代，中国完成了水利工程建设的大跃进，成为世界上水库数量最多的国家，现有8.7万座水库。限于当时的技术水平和经济条件，许多水库的质量和建设水平都不是太高，大部分是小型坝，小型坝中的90%以上是土石坝，土石坝的寿命大约是50年，目前为止，基本上都已是超期。由于缺少必需的维护经费，水库病险的数量过半，达4万多座。一旦垮塌就会冲房子、冲田地、冲工业设施，甚至整个城市。水利部数据显示：自1954年有溃坝记录以来，全国共发生溃坝水库3515座，其中小型水库占98.8%。人类历史上最为惨烈的溃坝事件发生在1975年的淮河流域，河南省驻马店地区包括板桥、石漫滩两座大型水库在内的数十座水库漫顶垮坝，1100万亩农田被毁灭，1100万人受灾，超过2.6万人死亡。2011年水利部宣布：经过除险加固，基本解除了637座县级以上城市、1.61亿亩农田以及大量重要基础设施的溃坝洪水威胁，保障了水库下游1.44亿人的生命财产安全。但同时，大量的小型水库安全隐患问题也显得更加突出，成为防洪工程体系中最为薄弱的环节。2010年7月以来，经过国务院同意，我国启动了小型水库的除险加固工程，国家承担的预计在2013年年底完成，地方承担的到2015年年底全部完成。需要强调，水利工程建设和修建不是简单地依靠资金保障，工程技术保障也同样重要。我国水利工程技术水平仍需要不断创新，仍需要体系的技术革新，要用最先进的技术成果来保障水利工程的安全，进而保障水资源安全。

第六章　我国国际河流水资源安全保障

　　总的来看，我国的国际河流有以下特点：第一，国际河流总数多，分布地区分散，很多国际河流不止流经一个邻国，这造成了对国际河流管理、协调的困难。第二，我国国际河流多位于上游，地势高峻，但河口和入海处却在境外，因此，我国境内的河段，水能蕴藏丰富，同时，水资源大量流失。第三，我国国际河流补给来源多样化，有雨水补给，有高山冰雪融水补给，还有季节性积雪融水补给等。第四，我国国际河流的流域大多地广人稀，水、土、林、矿、能源等资源丰富，生物和文化多样性突出，对我国未来的可持续发展具有举足轻重的作用。

第一节　从水纷争到水协调

国际河流因流域跨越不同国家，流域开发中通常存在不少利益冲突。如水域划界争议冲突、水量分配冲突、水资源开发利用冲突、水环境冲突等，需要从现代国际法的立场，化解纷争，协调各方利益，实现水资源的安全保障目的。

一、重视维护国际河流的环境安全

国际河流环境安全是指国际河流处于未被污染或破坏的状态。国际河流由于其特殊性，环境安全问题显得更为突出。沿岸国家对国际河流都享有各种权利，包括开发使用权、管辖权、分享利益的权利和取得赔偿的权利等。但是，假如每个国家都奉行传统国际法上的"绝对主权主义"原则，那么国际河流环境安全终将是一句空话。因此，上游国无论从道义上还是利益上都应与下游国有"一荣俱荣，一损俱损"的联系，这需要上下游国家之间的协调。

长久以来，为推动经济发展，人们追逐短期利益，环境安全观念淡漠，环境安全意识不强，导致在国际河流开发过程中过度开发，水质污染严重，国际河流区域均受到不同程度的污染，成为河流可持续利用的威胁。多年来，许多河流的洪灾威胁依然严重，植被遭到破坏，植被面积急剧降低，出现土地沙化和水土流失，这使国际河流环境安全协作有待于上升到新的空间。在世界经济一体化和区域经济合作化的今天，我国国际河流的开发与协作，需要我国政府与国际河流流域国加强协调与合作。

国际河流及资源的开发利用直接关系到各国利益。我国主张所有国家都有权根据其目标和优先顺序利用其自然资源，不应以保护环境为由干涉发展中国家的内政。在国际河流的开发和利用中要坚持国家主权原则，当然我们所主张的国家主权原则并不是无限制的，不能以损害他国的环境安全与利益为代价，这是可持续发展原则的要求。国际河流的开发与合作，应以尊重各国利益为前提，在合作开发利用国际河流时，应先建立各种国际管理机构，负责流域内的管理开发和全面治理。

在国内法上，我国应当构建国际河流环境安全管理体系，以应对国际河流环境纠纷中所带来的问题和压力，使我国国际河流的环境安全得以维护。2005年松花江发生重大水污染事件时，如果我国有健全的国际河流环境安全管理体系，就不会仓促应对。国际河流环境安全管理，要注重短期利益与长期利益的结合，建立国际河流环境安全的长效机制。加强国际协作与监督，在科学研究的基础上制订环境安全保护规划，提供充分的资金保障，同时，在制订国际河流环境安全保护规划的时候，应与有关的国家协商参与，建立健全良好的协调机制。在规划实施过程中，按照有关国家共同参与的原则来共同实施，保障国际河流环境安全实际有效地运行。

二、夯实水资源安全保障的国际协调基础

在水资源领域，一国的水资源安全保障的强化，往往就有引发国际流域纷争的可能性。迄今，还未有国内的安全保障对国际流域安全保障产生的影响程度方面的具体研究，但是，实例可以说明，流域国的国内安全保障问题，对该国如何对待国际流域却给予较大影响。如20世纪90年代初，泰国提出将湄公河水资源引到流域外的计划，泰国和越南之间就产生了纷争，使湄公河委员会面临生死存亡的危机。其实，这里就有泰国国内问题的原因。当时，泰国制订了扩大东北部灌溉农业的计划，该地区是泰国最贫穷的边境地区，政府为该地区贫民发动反政府运动的潜在可能而担心。对泰国的政治稳定来说，充分考虑该地区的利益是重要的，结果，为维持国内安全保障的政策，却引发了与下游国越南的纷争。

尼罗河也存在同样的情况。苏丹为确保国内安全，向尼罗河流域大规

模移动人口。伴随人口的移动，苏丹对尼罗河的依存度增加，重要度也大幅提高。结果，苏丹开始支持在尼罗河流域形成流域协商组织，正因为苏丹成为支持的主力，获得了世界银行和有关国家的援助，结成尼罗河流域"协商组织"，这是以尼罗河所有的流域国都参加的形式，为实施更加合理的流域管理而结成的最初的政府间组织。在中亚，因咸海周边国家的国内不稳定因素，如独立运动、伊斯兰原教旨主义等，对咸海周边所有的国家来说，就可视为一种威胁。哈萨克斯坦和乌兹别克斯坦虽是该流域主要国家，但伊斯兰原教旨主义等不稳定因素均是两国政府的主要问题。在流域内，安全保障存在欠缺的话，就会成为该国与其他流域国形成咸海水资源管理体制的障碍。拥有重大国内安全保障问题的国家，作为咸海问题上的流域国或利害相关国，就有不能采取适当对应的可能性。

在一国国内安全保障强化会威胁地区安全保障的情况下，确立流域国之间的安全保障具有与国内安全保障同样的，甚至超出的重要性。当然，确立地区的或流域的安全保障方式，则需要深层次的协调与合作。我国目前绝大多数国际河流开发利用程度较低，但随着我国国民经济的发展和边境开放的扩大，我国势必逐步开发利用国际河流。而国际河流的开发，对外涉及与邻国的关系问题，对内涉及边疆地区的民族发展问题，环境安全牵一发而动全身。因此，应将国际河流环境安全作为我国的国家战略，抓紧制订国际河流环境安全规划，建立有力的管理及应对机制，保持和发展与相邻国家和国际河流流域内国家间的信息交流与合作，按照平等互利的原则处理好环境安全纠纷，才能实现社会和谐与可持续发展。[1]

三、推行国际河流水资源最佳分配模式

在国际河流水资源公平合理利用原则与可持续发展观点指导下，其水资源的分配不仅应满足各流域国人类社会经济发展的需要，还应满足维护

---

[1] 刘丹、魏鹏程：《我国国际河流环境安全问题与法律对策》，载《生态环境》2008年第1期，第154页。

生态环境用水的需要。因此，将国际河流作为一个系统，进行水资源的综合开发和利用是国际河流水资源分配的总目标和最佳模式。就国际上诸多国际河流水分配的模式来说，分配模式可分为三种：项目分配、全局分配与流域整体规划开发模式。

（一）项目分配模式。是流域国为满足各国家的水需求，按某一个专门项目所开发和涉及的水资源进行分配并签订分水协议。为局部的合作分配，其不需要考虑流域的综合规划与全流域水分配，但要求合作各方进行密切的合作，需要有足够的财力支撑。这种分配模式通常可以满足合作方的用水需要，促进合作开发，但会受流域内其他开发项目或其他国家用水的影响，因此，这种分配方案会减慢流域水资源综合开发的进程。

（二）全局分配。是流域国间根据都能够接受的准则，将流域内可确定的水资源量分配给各流域国。按可持续发展的观点，这一水量应扣除维护生态平衡的基本用水。这种模式不需要流域国间进行密切合作和具有完善的水管理机制，通常是流域国各方通过签订协议，按流域中的某一标准确定水资源量，分配给各流域国，各国在其水资源分配份额内可自由地利用，无须考虑共同需求或对他国的影响。这种分配模式打破了流域的整体性，不利于全流域的系统开发，无法获得最佳的利用和最大的综合效益，不利于全流域的可持续发展，但可避免漫长的谈判协商过程和一些难以处理的国家间利害关系。

（三）流域整体规划开发模式。是流域国通过签订协议，认可并实施流域整体开发规划方案，为满足各沿岸国的水需求而进行流域水分配，这一分配方案有效实施的关键在于规划方案的完备程度，各流域国的合作与信任程度，是否有较为完善的流域法律与管理机制及其他技术、资金的支撑能力。

四、推动国际河流水资源的安全管理

跨界水资源的水量多寡和公平合理分配，关系到流域内各国人民群众的生产生活及各国家的可持续发展、和平安全等问题。目前，有关跨界水资源水量分配，《赫尔辛基规则》和《联合国国际水道非航行使用法公约》规定了公平合理利用跨界水资源和水量分配原则，要求水量分配综合考虑地理水文、气候、目前的使用、各国的经济和社会需求等方面。在跨界水资源的水质保障方面，《里约热内卢环境与发展宣言》规定"污染者负担"、"不得损害他国利益原则"；《联合国国际航道非航行使用法公约》规定"预防、减少和控制污染原则"；《赫尔辛基规则》规定"国家有责任防止和减轻对国际流域水体污染的原则"和"国家有责任停止其因污染的行为并对同流域国所受的损失提供赔偿的制度"等。应基于这些原则规定，推动我国国际河流的安全管理。

在流域生态环境养护方面，《二十一世纪议程》呼吁"适用统一的开发、管理和利用水资源的方法，保护水资源的供给"；《联合国国际航道非航行使用法公约》规定"水道国应单独或共同保护和保全国际水道的生态系统"；《跨界水道和国际湖泊保护和利用公约》规定"沿河缔约国要在平等互惠的基础上，通过双边或多边协定进行合作，以便制定协调的、涉及集水区域或其中部分的政策、计划和战略，防止、控制和减少跨国界影响及特别注重保护跨国界水域的环境或受这些水域影响的环境"。[1] 我们应基于这些规定，推行国际河流的生态维护。

需要指出，全球水资源短缺与需求不断增加之间的矛盾，跨国水资源的共享性与国家主权之间的矛盾，跨国水资源的水量分配与水质污染之间的矛盾，以及沿岸国就水资源分配所发生的矛盾，使国际水争端的发生具有必然性。国际水争端此起彼伏，严重威胁地区乃至世界的繁荣与发展。对于我国国际河流水资源出现的各种纷争，应从维护国际河流水环境安全角度，遵循国际河流利用的基本原则，参照国际水资源分配习惯，化解纷争，将出现纷争的潜在可能性积极转化为合作的可能性，同时，加强对国

---

[1] 黄锡生：《论跨界水资源管理的核心问题和指导原则》，载《重庆大学学报》（社会科学版），2011年第17卷第2期，第9页。

际河流水量、水质、生态养护的管理。

第二节 湄公河流域纷争与合作

澜沧江—湄公河作为亚洲流经国家最多的国际河流，其区域功能的重要性，关系到该区域的稳定与和平发展。由于流域流经的国家都是发展中国家，经济水平落后，各国因经济开发和水资源利用而产生了一些纠纷。我国与周边邻国正在实现初步的合作，今后将进一步加强以湄公河为基础的区域合作，逐步扩大其他领域的合作。

一、湄公河流域概况

澜沧江发源于我国青海省唐古拉山北麓，流经西藏自治区和云南省，出境后称湄公河，流经缅甸、老挝、泰国、柬埔寨和越南，最后在越南的湄公河三角洲汇入南中国海。澜沧江—湄公河全长 4880 公里，在世界各大河流中排名第六位，流域面积约 80 万平方公里，是一条重要的国际河流。在澜沧江—湄公河流域内，各种资源十分丰富。水能蕴含量巨大，中上游地区的中国、老挝，非常适宜水电开发。下游的泰国、柬埔寨和越南的平原地区，则是世界重要粮仓。该流域航运潜力巨大，矿产资源丰富，矿种齐全；生物资源较多，是世界生物多样性最丰富的地区之一。

湄公河流域的水循环特征是受亚洲季风影响，明确分为雨季和旱季。旱季在 2～3 月，从 2003～2004 年接连发生 40 年来最大级别的干旱，导致东北部的泰国水稻因水不足，很多水田不能插秧，河口流域的越南出现海水倒灌。雨季在 9～10 月，2000 年发生大洪水，柬埔寨洞里萨湖面积扩大到历史高位，过去人们掌握每年发生洪水的规律，几乎没有发生人的受害，但 2000 年出现了人的受害问题，2001～2002 年连续发生洪水，由此，湄公河因年份不同出现水过剩和水不足的问题。澜沧江—湄公河平均流量居世界第 8 位，各国对河流的利用情况不同，整体利用率并不高。

湄公河的水利用部门主要是农业和渔业。尽管农业占水利用全体 80%以上，但灌溉率较低，水田主要是利用雨水，并由河流和池塘补充。据传渔业主要是在洪水期使洞里萨湖变大，渔业生产就可增加。事实上，降雨一旦增加，尽管有过雨水田的稻米生产增加，但另一方面，若发展为洪水的话，受洪灾影响，稻米也会减产。依据长期统计分析，对鱼获量变动的影响，洪水占 26%，而人口增加的影响却占 56%～58%。因人口增加，鱼获量需求增大，出现乱捕现象，导致渔业资源减少，2000 年就出现急剧减少。2003～2004 年夏洞里萨湖的鱼获量就出现比 2002～2003 年夏的鱼获量急剧减少倾向。

在该流域内，有大湄公河次区域（GMS）合作机制，是由中国、缅甸、老挝、泰国、柬埔寨、越南组成的一个次区域合作机制。1992 年 10 月在亚洲开发银行的支持下，召开了首届大湄公河次区域合作会议。从第二届起每年召开一次部长级会议，并确定了 8 个主要合作领域，即交通、能源、环境和自然资源管理、人力资源开发、贸易和投资、旅游、通信和禁毒。在 2001 年第十次部长级会议上，出台"未来 10 年战略框架"，提出建设重要交通走廊、电信骨干网、电力联网及贸易、投资、旅游等 11 个标志性项目。2002 年 11 月，在金边召开了第一次大湄公河次区域领导人会议，决定今后每三年召开一次领导人会议。2005 年 7 月在中国南宁举行了第二次首脑峰会，会议通过了《领导人宣言》并签署有关次区域合作成果文件，规划未来合作方向和重点合作措施。这样 GMS 的合作机制又得到了完善和提升，目前已形成高官会—部长级会—领导人峰会一整套机制。

GMS 启动以来，开展积极的广泛合作，成效显著，实施了 119 个合作项目，动员资金总额约 53 亿美元，[1] 建成一批标志性工程，加强了沿岸国之间的关系，对次区域各国经济社会的发展起到推动作用。总的来看，GMS 合作是建立在各成员国平等、互信、互利的基础上，是一个互利合作、

[1] 丁金光：《国际环境外交》，中国社会科学出版社，2007年1月第1版，第30页。

联合自强的机制，其特点是相互尊重，平等协商；加强合作，注重实效；突出重点，循序渐进；建立了区域间的交流与沟通机制；中国在其合作中发挥重要作用。除了 GMS 合作机制以外，还有东盟—湄公河流域开发合作机制。这个机制不仅包括湄公河流域六国，还涉及东盟其他国家，以及日本和韩国。此外，还有一个较早成立的合作机制，即"湄公河委员会"，其成员只包括越南、老挝、柬埔寨、泰国 4 个国家。

二、湄公河委员会

1995 年越南、老挝、柬埔寨、泰国在清迈签署《湄公河流域持续发展合作协定》，规定水资源开发项目必须进行预先评估，一旦调查认为开发计划将影响其他国家，该开发计划将被禁止。作为湄公河流域合作的组织机构，称为湄公河委员会（MRC）。委员会由三个常设机构构成，即理事会、联合委员会和秘书处。理事会决议实行一票否决制度，决议必须是一致赞成才能形成，只要有一票否决就不能通过。联合委员会由各缔约国一名不低于司局长级的成员组成，职责是执行理事会的政策和决议；完成理事会指派的其他任务；制订流域开发计划；收集各种信息资料；进行环境保护和生态平衡维护的研究和评估等。秘书处是在联合委员会监督指导下为理事会和联合委员会提供技术和行政管理服务的常设机构。

中国从 1995 年湄公河委员会成立开始就是它的对话国，每年中国都参加委员会的年会，但没有发言权和投票权。委员会的四个成员国都希望中国，以及缅甸能够加入委员会，但中国一直没有加入委员会，原因是多方面的，既有自身不愿受其牵制、约束国内开发利用河流资源的原因，也有协定规定不完善，上下游国家之间长期以来存在诸多误解的原因。但从长远发展来看，中国加强与委员会国家间的对话和合作是必然趋势。而实际上中国与它们之间的交通、贸易、水电等方面的合作一直在进行。如2002 年 4 月 1 日中国与 MRC 签订了《澜沧江水文数据交换协定》，将澜沧江水位和降雨量数据向下游四国公开。2003 年 3 月还签署了《关于提供洪水期水文信息的实行计划》，从 2004 年开始提供有关信息，对下游国家防洪减灾起到重要作用。随着在这些区域性组织合作的深入和与下游国家误解的消除，协定进行必要修改后，中国将来有可能加入委员会。总的来看，湄公河委员会长期大量使用国际资金、技术和专家，因此，受国外组织机构的影响较大，缺乏协调区域利害关系的能力和独立性。

2006 年以来，已拟定在湄公河下游建造 11 处大坝的建设计划。这些计划有能给该地区带来机会的可能性，也有增加环境负荷的危险性。为此，MRC 委托"环境管理国际中心"（International Environmental Management Centre），对这 11 个计划实施了为期 16 个月的战略环境影响评估。2010 年 10 月发表了最终报告，认为这些大坝将会给湄公河生态系统带来不可逆转的影响，将给依靠河流资源生活的数百万人的生活和粮食安全保障带来威胁。

报告指出的主要影响是：河流的流量和特性将会发生改变。威胁渔业和粮食安全。影响水栖生物多样性。导致湿地生态系统发生变化。农业生产会发生经济损失。该流域的传统生活将发生改变，出现短中期性贫困。为此，报告建议各国决策者实施能充分认识大坝建设计划风险性的追加性调查，主张应将大坝建设的是非判断延期十年。作为今后的对策，建议搁置计划最少十年，与利害相关者进行有意义的协商。

三、水资源冲突与合作

位于湄公河流域上游的中国和缅甸建造大坝，引起了四国的担心和抗议。即使四国之间对湄公河的用水工程和计划也有冲突，如泰国计划在湄公河修建大型水利工程，其他国家担心会影响它们的用水量，要求泰国政府保证水利工程没有违反水资源利用的相关国际法规，并限制在湄公河的取水量。[1]

2010 年 4 月 21 日华盛顿一家研究机构发表了《湄公河分歧点》的报告。

---

[1] Piyapom Wongruang：《海外专家对泰国水利项目提出忠告》，载《曼谷邮报》，2006年1月27日。

报告指出，中国在湄公河上游建设一系列水坝，将使下游国家的环境和经济从根本上崩溃，成为国家间纷争的原因。为回避危机，希望奥巴马政权介入。报告分析了湄公河流域下游区域，异常的降雨和干旱的长期化将给粮食安全保障、政治稳定、地区国际关系带来重大恶劣影响，主要原因是受中国在上游区域建设了或正在建设 15 座大规模及超大规模水坝的影响。

具体影响是：中国决定在云南省内建设 8 座电站，其中，存水 150 亿立方米的世界最大规模的小湾电站等 4 座已经完成；小湾电站等中国方面的水坝减少了湄公河水量的季节性变化和河底泥沙，严重挤压了河流的渔业和农业；湄公河下游流域约 6000 万人依存该河的渔业和农业，因中国一系列的水坝建设，使下游区域的鱼类为产卵的游动减少 70%，鱼获量全体减少 22%，柬埔寨鱼获量减少 43%；越南的大米生产的 52% 是在湄公河流域，因大坝使泥的流量发生变化预计会大幅度减产。

报告还指出，在湄公河的开发与管理方面，因中国没有加入 MRC，本国的大坝建设属于秘密进行，有不与该流域各国协调对策的危险。另外，报告还警告说，中国在上游通过水坝的使用，可在调整河流水量的基础上，让中国国有企业干预老挝和柬埔寨境内的数个水坝建设，中国处于能支配他国经济和政治的状况。此外，国外个别学者就中国在澜沧江修建水坝，批评为"单边行动主义"和"霸权行径"，对此，我们是不能接受的。实际上，我国政府早已和流域国政府开展了信息交流合作，履行了国际习惯上的事先通知义务，而且，大坝建设的设计已充分考虑了整个流域的生态要求和下游国家的用水要求，更重要的是，对应世界新的潮流，我国与流域国的合作是积极的，并未违反国际法和国际习惯。

需要指出，2004 年 11 月在曼谷举行的世界保护大会上，包括我国在内的澜沧江—湄公河流域国家的环境部长级官员，原则上同意在今后的重大项目工程中采取跨界环境影响评价制度。但是，目前全流域没有建立跨界环评制度，原因是发展中国家对跨界环评制度心存疑虑，担心该制度被滥用，阻碍本国经济发展。另外，该制度要求行为起源国向潜在的受影响国提供必要的信息，使发展中国家也担心本国的信息资源被发达国家窃取并利用。事实上，真正的符合该流域特点的跨界环评制度没有建立前，任何对该流域水资源开发利用的说三道四都是没有科学依据的，也是不公正的。另外，有着浓厚政治色彩的新旧湄公河委员会在西方机构的支持下，尝试建立的（越南、老挝、柬埔寨、泰国）跨界环评制度，很难说真正代表了四国利益，也不一定符合湄公河流域开发和发展的实际情况。

四、湄公河水资源分配的难点

从进步观点看，国际河流水分配最理想的模式是采用整体流域规划分配。但就澜沧江—湄公河流域开发利用与合作现状看，缺乏足够的软硬件环境或条件。

（一）流域内合作机制不健全。流域内特别是下湄公河虽自 20 世纪 50 年代起就成立了流域协调委员会，但至今还没有形成包括流域内全部 6 个国家的全流域综合管理机构，同时，由于长期的历史原因和各国环境利益及价值观上的差异，各国相互间的猜疑依旧存在，各国间实现密切合作存在很大困难。再者，近年来该区域已成为区域合作开发热点区，许多国际组织和国际援助机构都以不同的合作方式纷纷介入该区的发展，形成纷繁复杂的国际合作圈和合作行动计划，而这些合作行动间，各国开发目标又缺乏必要的联系、沟通与合作，形成该流域内合作开发环境上的混乱。

（二）MRC 协调管理权力有限。1995 年新成立的 MRC 被赋予了相当的权力，但从《协定》中第 35 条"由政府解决"的规定，说明湄委会并无充分的裁决权，其各国代表的权力有限；其二，MRC 虽然被称之为专门的国际河流管理的国际性机构，《协定》内并未对 MRC 的运行费用的产生与分担进行规定，似乎都依赖于外来捐助，这必将会影响其作为一个国际组织的独立性。

（三）缺乏统一完善的全流域规划。虽然在 1995 年的《协定》的第 2

条和第 26 条都规定 MRC 将对流域进行开发规划和提出水资源利用和流域间分流规划，包括划定干湿季时间框架，确定和维持各水文站径流水位，确定干季干流多余水量的准则等，但至今这些规划各标准仍没产生，而流域内的合作开发项目已纷纷展开，互不协调，因此，这些项目是否符合整体开发的要求不得而知。

（四）缺乏足够的资金与技术支撑。由于该流域内各国都是发展中国家，缺乏足够的开发资金与技术，需要国际组织或机构在资金与技术上的捐助和帮助，通常这些捐助都是有条件的，其流域的开发目标要满足捐助者的意愿或利益，这在某种程度上将会影响全流域的整体利益或整体开发的综合目标。

综上所述，就"澜沧江—湄公河"流域的开发合作现状，实施全流域整体规划分配开发模式是很困难和不现实的，而采取较为松散的合作方式进行协调开发——即全局分配模式的开发是比较合适和务实的。

五、水资源公平合理分配对策

湄公河流域用于水资源分配的基本数据应包括各国的流域面积及所占的比例、降水量、河川径流量与枯湿季径流变幅、需水量、用水量、流域水供养人口、维护水及生态系统的措施费用等。虽然国内外研究这些数据的成果不少，但至今还没有产生出全流域统一的基础资料，因此，目前该流域水资源分配方案产生的根本条件是，通过各国谈判与协商，产生出一系列真实、合理、科学的基础数据。通过以上各流域国的用水目标分析，可就全湄公河流域的水资源分配模式提出构想。

（一）就澜沧江水资源开发，我国同意承担境内干流每月最小天然径流量的义务，同时，提出拥有超出最小流量年均出水境相当水量的使用权，如对枯季月均水量产生增加量或洪水期削减的洪峰量时，我国对其所产生的效益，依据国际水法之公平合理利用原则，提出"维护水资源所采取措施的费用"回报。

（二）依据国际惯例及下湄公河流域对水质水量的需求，充分考虑可能造成用水矛盾的因素，以及境内水利用对下游生态环境社会和经济的影响，有针对性地开展澜沧江流域水资源综合开发规划，特别是对在国际河流上进行流域外引水可能产生的国际影响做好前期准备工作与研究。

（三）加强法规的研究、建设、贯彻与监督工作，特别是加强水资源开发的对外政策的研究与协调，结合国际水法中就公平合理利用国际河流水资源与中国的现实情况，提出几套详尽、务实、科学、合理的，包含法规及技术的分配方案，协助决策部门参与他流域国进行水资源分配的协调与谈判。

（四）在参与流域合作开发前期，在不损害国家利益的前提下，适度增加科学研究成果的透明度，增加对外的信息交流，发布境内水资源开发的战略性目标，争取境外对我国开发项目的理解与支持，同时为争取现有水利用为合理用水权利创造条件。

应当承认，该流域水资源合作存在一定的问题，如国家实力的非对称性削弱了水资源安全的边际效益，认同意识淡薄造成各国水资源合作进程迟缓，国家利益不同减缓了双方合作步伐，受国内政治和利益集团的左右合作效率不高。为此，该流域的水资源合作应建立和完善一系列合作机制，包括高层磋商机制，有关水资源问题的科研合作机制、监测机制、融资机制等。在高层磋商机制建设上，定期召开地区领导人会议以及各国的水务、气象、环境、科技等部门部长级高官研讨会。在科研合作上，双方应着重加强人才培训与交流，尤其要帮助提升相对落后国家的治污能力，开展水资源变化影响评估。在监测机制建设上，建立区域水资源监测网络，成立公共水资源信息平台，加强各国监测工作的合作，及时、准确、完整地掌握地区水环境质量及其动态变化趋势，实现地区水资源信息共享与交换，为水资源合作提供准确的决策依据。在融资机制建设上，借助世行和亚行的资金优势，建立水资源合作基金，拓宽基金来源，用于新能源的开发和推广、发展低碳经济、奖励减排贡献较大的国家和企业。

应当强调，搞好信息数据合作是该流域水资源管理和发展合作的最基本要求。磋商、谈判、建立合理可行的跨界水资源管理标准、规则是做好该流域水资源管理的制度基础，搞好流域全面的经济技术合作是坚实的物质保证。

第三节　中印水资源纷争与合作

印度水资源时空分布不均，人均水资源量少、可利用水资源量更少，同时，印度人口众多，农村人口和农业产值又占国民生产总值的比重较大，因此，水资源短缺已成为制约印度经济、社会可持续发展和国家安全的突出问题。印度各邦之间、印度与周边国家之间存在水资源冲突，尤其是印度与我国的水资源冲突较为尖锐，需要反复交涉、谈判，从公平、合理、安全、高效层面，建立合作关系。

一、印度的水资源开发

印度是地方政府拥有水资源管理职责的联邦国家，中央层面设立国家水资源理事会、水利部等机构。1987 年国家水资源理事会发布《国家水政策》，强调以流域或子流域为单元来进行水资源规划，在考虑地区或流域需水量后，按照国家远景规划实施跨流域调水工程，解决境内水资源时空分布不均问题。这一政策在其后的实践中产生了许多问题和挑战，因而，水资源理事会在 2002 年对该政策进行了完善。新的水政策成为印度水资源综合管理的纲领性文件，明确水资源是国家稀缺和宝贵的资源。新政策内容十分广泛，涉及信息系统、水资源规划、体制机制、水资源配置优先顺序、饮用水、工程计划、地下水开发、水费、水质、水资源保护、水资源参与管理、跨邦界河流管理、防洪抗旱、科研培训等 25 项内容。印度水资源开发利用程度较高，农业灌溉是用水大户，灌溉用水主要依赖恒河水。

印度为满足国内用水需求，1991～1992 年制定了喜马拉雅水系开发规划。开发设想是在印度、尼泊尔和不丹共享的恒河和布拉马普特拉河的主要支流上修建一系列水库和连结渠系，将恒河的西部支流多余的水调往西部的卢尼和萨巴马提，以及将恒河的东部支流、布拉马普特拉河干流及其支流与马哈纳迪河连结起来将水调往中部地区。喜马拉雅水系的开发计划实际上是印度的"北水南调"工程，主要受益地区为哈里亚纳邦、拉贾斯坦邦、古吉拉特邦、阿萨姆邦、孟加拉邦、比哈尔邦、奥里萨邦。目前，已完成19个河流改道点的水量平衡研究、16个水库的地形研究和14条连结渠道的预可行性研究报告。

二、印度的水资源安全形势

（一）水资源短缺。2009年印度人口约为11.67亿，约占世界人口的16%，人均水资源量仅为1603立方米，主要分布在人口较少的北部喜马拉雅山地区，如果不包含布拉马普特拉河，导致水资源供需不协调。许多地区水资源不能满足需水要求，尤其是印度半岛内陆地区。印度为了满足粮食安全，灌溉面积不断扩大，加剧了水资源短缺。如喀拉拉邦西高止山流域，森林砍伐和毁林造田导致大规模的水土流失和河道淤积，使7条原先永久性河流近10年变为季节性河流，该邦其他5条河也步入后尘。工业化与城市化的发展对水资源的需求越来越大，造成水资源压力很大，在未来二三十年中，印度将面临严重的水资源短缺。

（二）水污染严重。水质污染是水资源危机的重要根源。水危机又引发了人与人之间、邦与邦之间的紧张关系和纠纷。由于未经处理的工业废水和生活污水排放、化肥和农药的施用，导致印度几乎所有的河流都受到污染。2003年印度生活污水处理率仅为26.8%、工业废水处理率为60%，工业污染是主要污染源。主要污染物有氟化物、砷、铁、硝酸盐和氯离子等。印度有14个邦的69个区氟化物超标；西孟加拉邦恒河平原的6个区砷超标；13个邦的40个区地下水中发现含有重金属。恒河是印度最大的流域，养育着全国近 40% 的人口。由于人口增长和工业生产活动，恒河面临严重的水污染问题，影响沿岸亿万民众的身体健康和生物多样性。即使印度政府采取了恒河行动计划，控制河流污染和改善水质，但实际仅处理了约 35% 的污染负荷，收效不大。[1]

（三）地下水超采。地下水过度开采引发地下水位下降。印度超过 2000 万的农民依赖地下水灌溉种植农作物，近 20 年来，新增农业灌溉面积 84% 依靠地下水灌溉。在泰米尔纳德邦，由于农业灌溉严重超采地下水，近 10 年地下水位已下降 25～30 米，包括首都新德里在内的印度西北部拉贾斯坦邦、旁遮普邦、哈里亚纳邦等地的地下水水位平均每年下降 0.3 米。印度在全国 5723 个评价单元中，有 839 个评价单元地下水超采，有 226 个评价单元处于临界状态；550 个评价单元处于半临界状态。地下水超采导致许多区域地下水位下降，尤其是沿海地区。沿海地区还因地下水超采造成海水入侵，致使地下水环境恶化。

三、印度的水纷争和水冲突

印度国内用水部门之间和地区之间经常发生用水冲突，更值得关注的是，印度与下游国家在国际河流水分配方面也发生严重冲突。由于流经印度的布拉马普特拉河、恒河、梅克纳河和印度河这几条跨界国际河流的水资源量占了印度水资源量的大部分，因此，国际河流水资源开发利用问题是印度的水资源战略问题，国家之间的利益冲突不可避免。

印度的大部分河流多为跨邦界河流，流域内各邦在水资源利用、分配和控制等方面争端较多。为解决跨邦界河流水资源争端，1956 年印度发布了《邦间水争端法》，该法在 2002 年 3 月进行修订。修订法规定，国家必须在收到任一邦政府要求的 1 年内组建"水争端法庭"，该法庭的决定

---

[1] 钟华平、王建生、杜朝阳：《印度水资源及其开发利用情况分析》，载《南水北调与水利科技》2011 年 2 月，第 9 卷第 1 期，第 153 页。

将具有最高法院判决的效力。目前,印度政府已经设立了 5 个水争端法庭:1969 年 4 月设立戈达瓦里河水争端法庭;1969 年 4 月设立克利什那河水争端法庭;1969 年 10 月设立讷尔默达河水争端法庭,解决讷尔默达流域工程各受益邦之间的矛盾。1979 年,该法庭提出了该河的水量分配方案,即中央邦占 65.2%、古杰拉特邦占 32.1%、马哈拉斯特拉邦占 0.9%、拉贾斯坦邦占 1.8%;1986 年 4 月设立让威和比斯河水争端法庭;1990 年 6 月设立卡外瑞河水争端法庭。[1] 印度通过法律裁决,维持水资源的公平分配。

印度河、恒河、布拉马普特拉河和梅克纳河均是跨界国际河流,这几条河的水资源占印度水资源量的 63.3%,因此,跨界河流水资源的开发利用在印度是一个突出问题,长期与邻国存在国际河流用水争端。目前,与邻国的用水矛盾主要集中在印度河和恒河。1947 年印巴分治后,印度河上游的印度与下游的巴基斯坦两国出现上下游用水纠纷,矛盾日趋激化。印巴两国经过长达 13 年的协商和谈判,在世界银行的调停下,两国政府于 1960 年签订了《印度河水条约》,同时成立了印度河常设委员会,共同管理印度河水资源。

印度为改善城市供水和防止海水倒灌造成土地盐碱化,1975 年在恒河干流下游距离孟加拉国边境上游 18 公里处建成了长 2203 米的法拉卡闸坝,从恒河引水用以冲刷巴吉拉什—胡格利水道的泥沙。由于引水后旱季恒河流入孟加拉国的河水量大幅度减少,严重影响了孟加拉国的工农业生产、人民生活和生态平衡,使两国发生严重的用水冲突。经过几十年的协商和谈判,多次签订协议,目前印孟两国生效的是 1996 年签署的孟印关于在法拉卡分配恒河水的条约。为了充分利用水资源,2003 年印度国家水资源开发总局规划实施内河联网工程,从恒河流域调水到印度西部,穿越整个印度半岛。由于内河联网工程的喜马拉雅水系开发涉及国际河流开发利用,其开发将影响境外邻国的水资源可利用量、生态环境和经济社会福利,从而遭到孟加拉国、不丹和尼泊尔的强烈反对,导致国家关系紧张。

---

[1] 李香云:《印度的国家水政策和内河联网计划》,载《水利发展研究》2009年第4期,第66页。

四、我国与印度的水资源争端

中印之间除了雅鲁藏布江（印度称布拉马普特拉河）之外，两国之间的主要国际河流还有大约 16 条之多，如果连中小河流也算上的话，数量极多。

在我国西藏西部，大小河流域面积 5.7 万平方公里有余，水资源总量约 20.1 亿立方米，主要河流有：

（1）奇普恰普河，发源于新疆西南角喀喇昆仑山，向西流出国境进入克什米尔地区后称希欧克河，在克里斯汇入印度河。

（2）狮泉河，为印度河的上游，发源于冈底斯山主峰冈仁波齐峰北面的冰川湖。自南向北流至邦巴附近转向西流，经革吉在扎西岗附近与噶尔藏布相汇合转向西北，流入克什米尔地区。

（3）象泉河，位于印度河最大支流萨特累季河的上游，为西藏自治区阿里地区最主要河流。发源于喜马拉雅山西段兰塔附近的现代冰川，从源头西流至门士横切阿伊拉日居，经札达、什普奇，穿越喜马拉雅山后流入印度河。

（4）马泉河，位于雅鲁藏布江上游，与狮泉河组成八字分水，平均海拔 5200 米以上。马泉河穿行在南面的喜马拉雅山和北面的冈底斯山之间。

在西藏南部，河流域面积约 15.6 万平方公里，水资源总量约 1592 亿立方米。汇入恒河的主要河流甲扎岗噶河和乌热渠—乌扎拉渠是恒河的两个上源，它们位于西藏的西南部，在中国境内的河长、流域面积均较小；西藏南部的马甲藏布（孔雀河）、吉隆藏布、波曲（麻章藏布）、绒辖藏布、朋曲等河都是恒河的支流。汇入布拉马普特拉河的主要河流有朋曲以东的康布曲、洛扎怒曲、达旺—娘江曲、鲍罗里河（卡门河）、西巴霞曲等，都是自西藏南部汇入布拉马普特拉河。

自 2009 年以来，印度媒体突然开始关注中印水资源争端问题。2009年 3 月，西藏地方政府宣布将在雅鲁藏布江上游修建 6 座大坝，都是 540 兆瓦的"径流式"水电站。在计划决定付诸实施的一个月前，中国已把建造水电站计划的有关信息提供给了印方，并且一再强调这些大坝只是一些"径流式"的水电项目，不涉及水库和分流。然而，令人意想不到的是，印度政府和媒体对中国的举动进行了大肆的夸大和指责，在《印度时报》上撰写文章抨击中国的"水利威胁"。印度版"中国威胁论"开始甚嚣尘上，而具体投射到水资源问题上，两国逐渐形成"水资源冷战"格局。

印度的策略是希望将水资源问题多边化，用所谓的"国际规则"来限制中国开发利用西部水资源。问题在于中印水资源问题不是单纯的河流开发问题，相反，它与中印两国的国家主权联结在一起。虽然多边机制容易解决国际争端，但问题是没有哪一个国家的边界争端是通过多边机制来解决的。印度"打国际牌"多年来似乎有一定收效。英国国防部2007年报告指出，水问题提高了诱发军事行动和人口移动的可能性，中国若改变布拉马普特拉河的流量，风险将会增大。日本学者也认为跨界河流的水资源争夺战正成为亚洲安全保障的课题。这使印度一定程度上获得国际社会的呼应。近年来，印度政府一再宣扬水资源日益成为中印关系中的重大安全问题，认为中国在西藏的灌溉和水利系统"将是把水资源作为制约印度的水炸弹"。因此，在印度政府眼里，"中国人只关心自己不在乎别人，对印度来说，这个计划将是一场人为灾难"。换句话说，印度政府一直认为中国在利用水资源威胁印度的国家安全。[1]

五、我国的应对

（一）对待印度的做法，中国政府首先严厉驳斥。针对印度舆论炒作的中国"南水北调"工程，中国政府一再重申其对印度水资源不构成威胁。因为该工程西线计划实际上是从长江上游的通天河、雅砻江、大渡河三条支流引水，并非从雅鲁藏布江取水，而这三条河流均为中国的内河，因此印度无权横加指责。另外，针对印度媒体炒作的雅鲁藏布江"大拐角"

---

[1] 张金翠：《应对水资源争端：中印策略的博弈论分析》，载《南亚研究季刊》，2010年第4期，第19页。

工程，中国政府也一直强调这一计划并未付诸实施。不仅如此，中国政府还强调，对雅鲁藏布江水资源的开发是合理利用，是完全符合《赫尔辛基规则》，中国政府不能接受印度的指责。

（二）反击印度，揭露对方搞大坝。据印度报纸和国际河流网络报道，2003 年 12 月以来，印度政府一直计划在雅鲁藏布江上建造发电装机量为 1100 万千瓦的水电站，规模仅次于中国三峡工程和巴西的依泰普工程。该工程是印度国家 25 年建设计划内的重点工程，可行性研究的勘察和调查正在进行，环境影响报告也即将完成。因此，在与印度政府的会谈中，中国政府尖锐地指出了这一问题，认为印度政府言行不一，搞"双重标准"。一方面，印度激烈地反对中国的"南水北调"工程，认为这种"跨流域"、"跨区域"的水资源调度，会导致印度和孟加拉国水源紧缺；另一方面，印度自己却要搞"北水南调"与"内河联网工程"，而一旦水坝建成，将可能淹没处于上游的中国西藏林芝地区的部分地段。为此，中国政府谈判代表尖锐地指出，问题的实质是印度要求中国把其境内的水资源全部让渡给自己，以独占两国共有河流的水电效益，中国政府理所当然地要加以反对。

（三）倡导合作，考虑印方的关切。雅鲁藏布江发源于中国，大段在中国境内，最后才流到印度。从法律上说，中国在自己境内蓄水发电并无法律上的问题。但中国政府一直体谅印度政府和民众的担心，主张"合作共赢"，认为水利工程项目乃是联结中印两国政治的桥梁，水资源应该是两国合作的开始，而不是冲突的根源。在 2005 年 4 月温家宝总理访印期间发表的《中印联合声明》中，中方同意一旦各方面条件允许，将采取措施对帕里河的天然坝体进行有控制的泄洪；2006 年 11 月胡锦涛主席访印时双方发表的《联合宣言》里，中方又同意建立专家级机制，探讨就双方同意的跨境河流的水文报汛、应急事件处理等情况进行交流与合作。学者认为，从这些交涉来看，中印在跨界河流上的互动非常频繁，表明中国作为国际河流的上游国家，认真考虑到了下游国家的关切利益。

终章　水资源安全展望

一、未来形势预测

21 世纪，水危机仍将持续，仍将对农业和市民生活产生严重影响，甚至阻碍国民经济的发展。加之气候变化、人口增加、水资源管理不当，十年以内我国会陷入前所未有的严重危机。到 2025 年，将有 30 亿人面临缺水危机、52 个国家会出现旱灾。2009 年世界经济论坛达沃斯会议发出警告，若按现有模式持续利用水资源的话，20 年以内因水不足有导致世界经济破产的可能性。全球水资源的日益短缺，各国对水资源不断增长的需求，以及跨国水污染加剧的局面，使国际水资源利用和保护争端此伏彼起，严重威胁地区乃至世界的繁荣与发展。总的来说，未来的水资源形势是严峻的。

严峻的水资源形势，对我国的可持续发展构成了极大的威胁。我国水资源因人口增加、产业扩大、城市膨胀，水使用量的增大将出现临界状态，水资源的稀缺程度将十分突出，构建节水型社会刻不容缓。从人口增长看，2030 年左右，我国人口将达到 16 亿，人均占有水资源量将减少五分之一。从经济增长看，今后几十年，我国经济仍将处于快速增长期，到 21 世纪中叶，国内生产总值要增长 10 倍以上，城市和工业用水将有较大幅度增长，废污水排放量也将相应增加。从城市发展看，21 世纪中叶我国城市化率可能达到 70%，城市水供求矛盾必将更加尖锐。从粮食生产看，我国北方产粮区水资源条件并不富余，2050 年前国家需要增加 1.4 亿吨粮食的要求，将导致水资源短缺的形势更加严峻。

确保水资源安全是经济发展最重要的课题，应积极推动粗放型经济向循环经济转变。在开源方面，除海水淡化、雨水利用外，有必要实施水的再利用，对城市下水道的污水应进行循环利用。经过过滤、去污、杀菌、消毒等技术处理后，可做工业用水和灌溉用水，应认识到作为新的水资源的再利用水的重要性。总之，我国应当确立面向未来的长期的水资源安全大战略，推行水资源综合管理，采取综合措施，防范未来的水风险，按预防原则的要求，协调好水资源与经济发展的关系，保障好水资源安全与国家安全、生态安全、粮食安全、经济安全的互动，做到相得益彰。

需要强调，2011 年是"十二五"规划实施的头一年，也是贯彻"中央一号"文件、实施最严格的水资源管理制度的关键一年，应当充分落实实行最严格的水资源管理制度的精神，打好基础。积极践行可持续发展治水思路，以水资源配置、节约和保护为重点，以总量控制与定额管理、水功能区管理等制度建设为平台，以推进节水防污型社会建设为载体，以水资源论证、取水许可、水资源费征收、入河排污口管理、水工程规划审批等为手段，以改革创新为动力，以能力建设为保障，实行最严格的水资源管理制度，全面提高水资源管理能力和水平，着力提高水资源利用效率和效益，以水资源的可持续利用支撑经济社会的可持续发展。

二、今后努力方向

本文基于保障水资源安全的视角，主张从国家战略高度，动员全社会力量参与维护我国水资源安全。事实上，水资源安全与人类安全保障也密切相关，是横跨众多安全领域的桥梁性的网状性的重要问题，是哲学意义上的人类生存危机。确保水资源安全，需要凝聚全国、全社会乃至全世界的睿智，创新制度、创新技术，着眼长期战略，着眼当代人与未来人的权利平衡，采取各种措施予以充分保障。本书立足我国水资源安全角度，主张今后一个时期内至少在以下几方面作出努力。

（一）从确保水环境安全角度，应着力做好以下工作。

（1）严格控制排放总量，继续削减工业污染。水污染防治应坚持以人为本，确保饮用水安全，建立基于确保环境功能区达标的污染物排放总量控制体系，将总量指标以许可证形式落实到污染源，继续实施排污权交易制度，降低水污染物的排放负荷。

（2）加快建设节水型工业和节水型社会。坚持将节约放在突出位置，提高水资源利用效率，以建立节水型工业和节水型社会为目标，积极改革水价，强化工业节水和生活用水管理，深入研究工业节水技术和节水管理办法，规范企业节水行为。

（3）继续推进城市污水处理与资源化。为从根本上改变城市污水处理水平不高、设施落后的局面，要继续完善城市排水系统，提高水处理技术水平，积极安排回用设施的建设，开展污水处理深度，提高污水回用率和资源化水平。

（4）继续发展生态农业，综合防治面源污染。科学施用化肥，禁止使用高残留农药，鼓励养殖业和种植业紧密结合的生态工程，积极控制水产养殖污染，综合防治面源污染，继续创建生态农业区。

（5）保护海洋生态环境。大力控制陆源和养殖污染，以及船舶、海上油气采输、海岸工程、海洋工程污染，保护海岸地带和海洋重要生态系统，保护珊瑚礁、红树林和重要海洋生物资源，全面推动海洋环境保护。

（6）科学调配水资源，保证生态用水。开发利用水资源时，应以保护水环境功能为前提，兼顾上下游的水资源需求，保证各条河流的生态用水流量。按环境科学标准，确保水资源开发利用程度不超过40%，取水许可证可在法规允许范围内进行市场交易，用取水权来促进节约用水。

（7）优先保护饮用水源地水质。在水源保护地严格限制各项开发活动，加强植树造林，提高涵养水源能力，继续治理已经污染的水库和湖泊等，改善水质，清楚划定广大农村集中式水源地，防止农业面源污染水源地。

（二）从管理角度，加强对水资源安全度的掌握

不断创新流域水资源综合管理模式，完成流域与区域的有机结合，建立一个权威性和独立性的流域机构，设立一个公众参与的综合性流域委员

会。这也是实现人与自然和谐共处，解决经济、社会发展与生态环境的矛盾，流域经济社会与生态环境可持续发展的前提条件。水资源安全问题的关键是水资源安全的度量问题。那么，如何度量水资源安全程度呢？有关专家的观点是：水资源承载力是水资源安全的基本度量。因此，研究水资源承载力对于认识和建设水资源安全保障体系尤为重要。水资源承载力受水的供需矛盾双方影响，它需要从受自然变化和人类活动影响的水循环系统出发，通过"自然生态—社会经济"系统对水的需求和流域能够提供多少可利用水资源量的"支撑能力"方面加以量度。总的来说，可以从水资源总量、生态需水量、可利用水资源量、水资源需求总量、流域水资源承载力的平衡指数、水资源承载力的分量测度、单位水资源量承载力的度量等几个方面来计算。水资源承载力研究是随着水资源危机问题的日益突出，由我国学者在 20 世纪 80 年代末期提出的，但迄今为止仍未形成一个系统的、科学的理论体系。随着现代科学理论—控制论、信息论和系统论的不断涌现和发展，加上现代计算手段和新技术的日新月异，将为水资源承载力研究提供崭新的理论基础和研究技术手段，未来水资源承载力研究趋势一定是综合与集成相结合，理论与实践相结合，采用多学科交叉融合，多方位、多层次、新技术的科学研究方法和技术手段，以最大限度地提高水资源承载能力为目的，促进可持续发展。

（三）从开展环境外交的角度，坚持政治解决争端

按照国际法基本原则的要求，和平解决跨国水资源利用和保护问题上的国际争端。禁止使用武力或以武力相威胁。历史表明，国际水争端只有通过和平方法解决，才能真正促进跨国水资源的有效利用和保护，以及沿岸国的长久和平与繁荣。以武力或武力威胁等强制性方法，不仅不能从根本上解决水争端，反而会激化有关国家之间的敌对情绪，并有可能使争端升级，成为冲突和战争的祸根。对和平解决的方式而言，有政治方法和法律方法两种。政治方法也称为外交方法，是指法律方法以外的由争端双方自行解决或者由争端双方以外的第三方介入解决争端的方法，具体包括谈

判与协商、斡旋与调停、调查与和解、通过国际组织解决争端等方法。就程序而言，当发生争端时，应当首先进行协商和谈判；如果协商和谈判不成，可以借助其他政治性解决办法；如果仍不能解决争端，可以适用法律方法解决。在解决争端的整个过程中，只要双方自愿，都可以随时采用任一种政治性解决办法。

（四）从转变经济发展方式的角度，大力推行节水技术

循环经济是一种遵循生态规律和经济规律以提高资源能源利用效率和改善生态环境为核心，以"减量化、再利用、再循环"为原则，以提高资源的高效利用和循环利用为手段，使生态环境、经济和社会协调、可持续发展的经济增长模式。在环境保护上表现为污染的低排放甚至零排放，是把清洁生产、资源综合利用、生态设计、可持续消费融为一体的经济活动。从技术范式角度来说，更是一种于环境和谐的经济发展模式，是一个"资源—产品—再资源"的闭环反馈式循环过程。发展循环经济，关键在于科学技术，要充分发挥科技对循环经济的支撑作用。发展循环经济在水资源的使用方面，农业要大力发展农业节水、推进雨水集蓄，建设节水灌溉饲草基地，提高水的利用效率，实现灌溉用水零增长，工业要重点推进火电、冶金等高耗水行业节水技术改造，在城市用水方面，推广使用节水设备和器具，扩大再生水利用，加强公共建筑和住宅节水设施建设，积极开展海水淡化、海水直接利用等。

（五）创建节水型社会

在科学发展观的指导下，为保障水资源可持续利用，保障经济社会可持续发展，应向节水型社会迈进。解决我国水资源不足的问题，可以通过科学地对水资源进行规划，创建最初水权的分配制度。提高政府调控力度、大力宣传环保理念、提倡公众参与的节水型管理体制、建立用水权交易市场及规则，做到合理定价，提高水资源的利用价值，使水资源向合理、节约、高效领域配置，以达到社会经济对水资源节约和保护的要求。在节水型社会中，做好节水技术的研究，不断提高各行业节水水平，创新工艺，开发

技术、使用可替代材料，以提高水资源利用效率。更重要的是，从社会发展角度而言，控制人口数量的适当增长，减轻水资源需求压力，同时，企业、家庭、社区、环保组织等要深入开展节水活动，实现水资源循环利用和可持续利用。总而言之，解决水资源不足问题的最根本、最为有效的实施策略就是创建节水型社会。同时，完善生态环境也需要采取创建节水型社会，从而提高资源使用的效率，增强可持续发展的能力。

三、充分开展水资源安全的国际合作

20 世纪 90 年代以来，各国缔结的多边水条约都以流域的可持续发展为宗旨和目标，强调水资源的可持续利用，防止水域污染和保护水域生态系统。水资源可持续发展的思想已融入国际社会，成为长期的发展方向。今后，如何确保综合水资源管理的实效性，如何推进水资源安全体制改革，如何确定水价确保水资源的有效分配，如何增加水设施投入、如何发挥水资源安全上的民间力量作用，如何构筑水安全信息数据体系做到及早发现及早预防等，将成为各国水政策的共同课题。预计今后国际合作趋势会日益加强，合作范围会日趋扩大，这些课题会逐一破解，随着流域生态系统管理方法的推广，国际河流的开发管理合作逐步从单一目标向经济、社会和生态环境等多目标转变，国际合作范围呈现由局部扩大到全流域的趋势。[1] 合作安全应该成为未来解决问题的发展方向，是实现国际水资源安全的现实途径，也是国际环境责任制度得以实施的基本保障。我国国际河流开发、利用和保护方面，应坚持以主权原则、公平合理利用原则、整体性原则、风险预防原则、不造成重大损害原则、国际合作原则为指导，着眼于国际流域的生态系统管理，从整个流域全局出发统筹安排、综合管理、合理利用和保护流域内各种资源，以实现全流域综合效益最大化。我国将加强国际合作，通过建立流域信息共享机制，回避纷争，促进国际流域的

---

[1] 高晓露：《现代国际水法的发展趋势及其启示》，2008年全国环境资源法学研讨会论文集，第66页。

整体开发、利用和保护，保障全流域可持续发展的实现。

统观全文，应当肯定，面对水资源危机，确保水资源安全是一项长期、复杂而又艰巨的战略任务。仅凭过去依靠政府的力量，难以保障水资源安全。面对新形势，应当组织起全社会力量，全人类力量共同参与。在充分遵守水生态规律的前提下，确立水资源安全保障战略，引导社会、教育公众按战略目标行进，可以说，水资源战略是灵魂。体制的变动与重新安排在于重新组织政府力量和资源，能充分防范和克服水资源危机，政府的保障作用不容忽视，政府是主力。法律、经济、技术是充分保障水资源安全的有力手段和可靠保证。最后，需要全社会的支持和支撑，同时，开展确保水资源安全的国际合作，通过合作的平台，凝聚全人类的智慧和力量，共度难关，创造和谐安全的国际社会。

主要参考文献

［1］张小平著. 全球环境治理的法律框架. 北京：法律出版社，2008.

［2］林灿铃. 国际环境法的产生与发展. 北京：人民法院出版社，2006.

［3］林灿铃. 国际环境法理论与实践. 北京：知识产权出版社，2008 年.

［4］林灿铃. 国际环境法. 北京：人民出版社，2004.

［5］陆忠伟. 非传统安全论. 北京：时事出版社，2003.

［6］丁金光.《国际环境外交. 北京：中国社会科学出版社，2007.

［7］解振华. 国家环境安全战略. 北京：中国环境科学出版社，2005.

［8］蔡守秋. 环境资源法学教程. 武汉：武汉大学出版社，2000.

［9］王小龙. 排污权交易研究. 北京：法律出版社，2008.

［10］贺培育、杨畅. 中国生态安全报告. 北京：红旗出版社，2009.

［11］林群慧、金时. 新环境问题研究. 北京：中国环境科学出版社，2005.

［12］孙军工. 循环经济法治化探析. 北京：法律出版社，2008.

［13］俞金香、何文杰、武晓红. 循环经济法制保障研究. 北京：法律出版社，2009.

［14］王彬辉. 与自然和谐相处. 杭州：浙江工商大学出版社. 2009.

［15］徐祥民. 中国环境资源法学评论（2006 年卷）. 北京：人民出版社，2007.

［16］韩德培. 环境资源法论丛第 1 卷. 北京：法律出版社，2001.

［17］杨华. 中国环境保护政策研究. 北京：中国财政经济出版社，

2007.

[18] 王彦昕、周云. 生态文明下的环境资源法治建设. 北京：中国人民公安大学出版社，2010.

[19] 中国政策科学研究会、国家安全政策委员会. 中国的经济安全与发展. 北京：时事出版社，2004.

[20] 许健. 国际环境法学. 北京：中国环境科学出版社，2004.

[21] 杨兴. 气候变化框架公约研究. 北京：中国法制出版社，2007.

[22] 曾建平. 环境正义发展中国家环境伦理问题研究. 济南：山东人民出版社，2007.

[23] 包晴. 中国经济发展中环境污染转移问题法律透视. 北京：法律出版社，2010.

[24] 范纯、王威. 世界主要国家环境保护法律机制略论. 哈尔滨：黑龙江人民出版社，2010.

[25] 姬振海. 环境权益论. 北京：人民出版社，2009.

[26] 杨树明. 生态环境保护法制研究. 重庆，西南师范大学出版社，2006.

[27] 吴兴南、孙月红. 自然资源法学. 北京：中国环境科学出版社，2004.

[28] 何康林. 环境科学导论. 北京：中国矿业大学出版社，2005.

[29] 卢昌义. 现代环境科学概论. 厦门：厦门大学出版社，2005.

[30] 汪劲. 环境正义：丧钟为谁而鸣. 北京：北京大学出版社，2006.

[31] 沈守愚、孙佑海. 生态法学与生态德学. 北京：中国林业出版社，2010 年版.

[32] 白平则. 人与自然和谐关系的构建—环境法基本问题研究. 北京：中国法制出版社，2006.

[33] 王曦. 国际环境法与比较环境法评论（第 1 卷）. 北京：法律出

版社，2002.

［34］邱秋. 中国自然资源国家所有权制度研究. 北京：科学出版社，2010.

［35］万霞. 国际环境保护的法律理论与实践. 北京：经济科学出版社，2003.

［36］王树义. 可持续发展与中国环境法治. 北京：科学出版社，2007.

［37］才惠莲. 比较环境法. 武汉：湖北长江出版集团湖北人民出版社，2009.

［38］史玉成、郭武. 环境法的理念更新与制度重构. 北京：高等教育出版社，2010.

［39］柴立元、何德文. 环境影响评价学. 长沙：中南大学出版社，2006.

［40］汪劲. 中外环境影响评价制度比较研究. 北京：北京大学出版社，2006.

［41］孙佑海、张蕾. 中国循环经济法论. 北京：科学出版社，2008.

［42］齐树洁、林建文. 环境纠纷解决机制研究. 厦门：厦门大学出版社，2005.

［43］曹明德. 生态法原理. 北京：人民出版社，2002.

［44］沈满洪. 水权交易制度研究——中国的案例分析. 杭州：浙江大学出版社，2006.

［45］王亚华. 水权解释. 上海：上海人民出版社，2005.

后 记

　　水是人类生存和发展不可替代的资源，是社会可持续发展的重要基础。珍惜每一滴水是每位公民应尽的义务，保障水资源安全是当代人应承担的责任。国家从战略高度，发动体制力量，动用法律、经济、技术等手段，维护本国乃至全球水资源安全，是其内在的维护环境正义的职责，也是国家生态维护功能的体现，是科学发展观的根本要求。如何高效地保障水资源安全，始终是需要人类不断研究的课题。因此，笔者主张，坚持水资源安全保障的可持续研究，不断探索新问题，总结新经验，出台新成果，为后代人造福。

　　在本书的写作过程中，研究生田英华同学承担了第四章的撰写，完成一万多字的工作量，仅表谢忱。